AF361111

BOTANIQUE

ANATOMIE VÉGÉTALE

MANUELS POUR LA PRÉPARATION
AU CERTIFICAT D'ÉTUDES PHYSIQUES, CHIMIQUES
ET NATURELLES
publiés sous la direction de M. H. Coupin.

BOTANIQUE

ANATOMIE VÉGÉTALE

PAR

HENRI COUPIN

LICENCIÉ ÈS SCIENCES PHYSIQUES ET ÈS SCIENCES NATURELLES
PRÉPARATEUR A LA SORBONNE

avec **45** figures dans le texte.

PARIS

RUEFF ET Cⁱᵉ, ÉDITEURS
106, BOULEVARD SAINT-GERMAIN, 106

1896

BOTANIQUE

ANATOMIE VÉGÉTALE

INTRODUCTION

La BOTANIQUE est cette partie de l'Histoire naturelle qui s'occupe des plantes.

En étudiant les plantes ou végétaux à un point de vue général, sans s'occuper de la classification, on fait de la *Botanique générale*. Celle-ci, à son tour, se divise en trois parties :

1° La *Morphologie externe* qui étudie les *formes* extérieures des végétaux ;

2° La *Morphologie interne* qui étudie la *structure* des plantes ;

2° La *Physiologie* qui étudie les fonctions des diverses parties constitutives des plantes.

Dans le présent volume, nous étudierons à la fois la *Morphologie externe* et la *Morphologie interne* en les réunissant sous le nom général d'*Anatomie végétale*.

Avant de commencer la description des formes et de la structure des plantes, il est indispensable d'indiquer que celles-ci se divisent en quatre grands groupes ainsi définis :

PLANTES
- A racines ou vasculaires.
  - A fleurs . . . . PHANÉROGAMES.
  - Sans fleurs. . CRYPTOGAMES VASCULAIRES.
- Sans racines ou non vasculaires.
  - Ordinairement à feuilles . . MUSCINÉES.
  - Ordinairement sans feuilles. THALLOPHYTES.

Chez les PHANÉROGAMES (Exemples : Renoncule, Marguerite, Lis, Pin, Peuplier, Sauge le corps de la plante est divisé en trois parties, les *racines*, les *tiges*, les *feuilles*. Ces dernières, en se différenciant, produisent des *fleurs*. C'est ce que le public appelle les *plantes à fleurs*. Les Phanérogames se divisent à leur tour ainsi :

PHANÉROGAMES
- Graines enveloppées dans une cavité close : ANGIOSPERMES. . .
  - Jeune plante portant deux cotylédons : DICOTYLÉDONES.
  - Jeune plante portant un seul cotylédon : MONOCOTYLÉDONES.
- Graines non enveloppées dans une cavité close : GYMNOSPERMES.

Exemples de *Dicotylédones* : Renoncule, Radis, Marguerite, Sauge, Peuplier.

Exemples de *Monocotylédones* : Iris, Lis, Orchis, Blé, Maïs.

Exemples de *Gymnospermes* : Pin, Sapin, Mélèze, If.

Chez les CRYPTOGAMES VASCULAIRES, le corps de la plante se divise aussi en racines, tiges et feuilles, mais il n'y a pas de fleurs. Comme les Phanérogames, il y a dans les tissus des tubes spéciaux connus sous le nom de *vaisseaux*; c'est ce qui fait désigner ces deux groupes sous le nom de *Plantes vasculaires*. On peut citer comme cryptogames vasculaires : les Fougères, les Prêles, les Lycopodes.

Chez les MUSCINÉES, le corps de la plante se divise seulement en *tiges* et *feuilles*; il n'y a ni *racines*, ni *fleurs*. Ce sont les Mousses et les Hépatiques.

Enfin chez les THALLOPHYTES, le corps se réduit à une masse uniforme dans lequel il est impossible de reconnaître ni tiges ni feuilles, ni racines ni fleurs : c'est ce qu'on appelle un *thalle*. Ce sont les Algues et les Champignons.

Tous ces groupes, on le comprend, ont des structures différentes auxquelles nous aurons souvent à faire allusion.

C'est ce qui nous a obligé à fixer dès maintenant leurs limites. Dans ce qui suivra cependant, nous aurons surtout en vue la structure des Phanérogames qui constituent le groupe le plus important.

CHAPITRE PREMIER

LA CELLULE VÉGÉTALE

Tous les végétaux sont formés d'un agrégat de petits corps, à structure fondamentale toujours la même, qui ont reçu le nom de *cellules*. Une cellule complète fig. 1 se compose essentiellement d'une paroi externe de cellulose, la *membrane*; d'un contenu de nature albuminoïde, le *protoplasma*, et enfin, au centre, d'un corpuscule généralement arrondi, le *noyau*. Ces trois parties fondamentales coexistent généralement, mais ce n'est pas une règle; c'est ainsi que dans ce champignon des tanneries, le *Didymium leucopus*, la membrane fait défaut ; cette dernière au contraire subsiste seule dans les *vaisseaux* des plantes vasculaires. Mais toujours, dans les cellules jeunes on rencontre du *protoplasma* et un *noyau*. Le protoplasma d'abord homogène, se différencie rapidement en donnant divers corps issus de son activité, entre autres des espaces remplis de liquide : ce sont les *vacuoles* contenant le *suc cellulaire*.

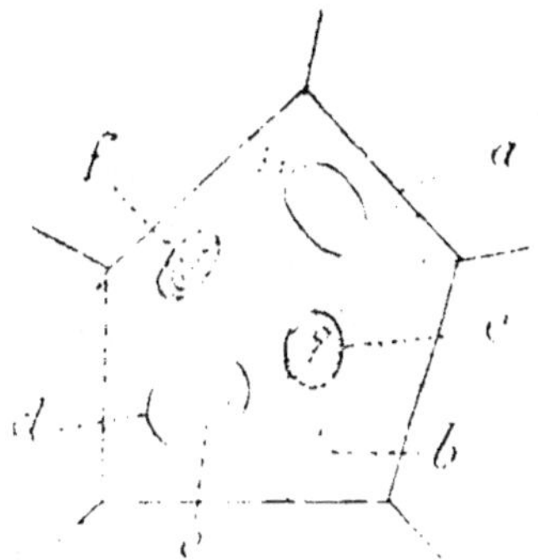

Fig. 1. — Schéma d'une cellule végétale.

a, membrane; *b*, protoplasma; *c*, noyau avec son nucléole; *d*, vacuole; *e*, suc cellulaire; *f*, grain d'amidon.

Toutes ces parties méritent un examen spécial.

I

LE PROTOPLASMA

Le protoplasma se montre sous la forme d'une matière de la consistance du blanc d'œuf légèrement granuleux. C'est une matière albuminoïde essentiellement vivante. Généralement, il y a à la périphérie une couche hyaline, très perméable à l'eau.

Ce qui montre bien la vitalité du protoplasma, ce sont les mouvements qu'il présente et qui sont faciles à constater.

La *fleur du tan* est un champignon auquel nous avons déjà fait allusion : c'est une véritable masse de protoplasma. Quand le temps est sec, ces gâteaux gélatineux restent sous les morceaux de cuir ou les écorces où ils vivent dans les tanneries. Mais si l'atmosphère devient humide, on voit ces masses se dilater, s'étaler, se rétracter, ramper, en un mot se déplacer, voire même grimper le long des murs. Il serait difficile de montrer un mouvement plus net.

Beaucoup des corps reproducteurs des algues sont munis de cils protoplasmiques en mouvement. Grâce au jeu de ces *cils vibratiles*, ces spores se meuvent dans l'eau.

Généralement ces mouvements protoplasmiques, si nombreux chez les animaux, sont difficiles à voir chez les plantes à cause de la membrane résistante qui enveloppe les cellules et qui leur forme une véritable cage.

Examinons un poil de Chélidoine ou une cellule de *Chara* sous le microscope : nous verrons le protoplasma, avec les granulations qu'il renferme se déplacer lentement le long de la membrane, redescendre de l'autre côté, suivre des filaments intérieurs, etc. La vitesse de ces courants est de $0^{mm}.8$ en une minute (Poils des *Tradescantia*, $0^{mm}.6$; Poils de Courge, $0^{mm}.7$; Poils de Jusquiame, etc.;

elle est d'ailleurs influencée par la température : elle est plus rapide quand il fait chaud que lorsqu'il fait froid.

La composition chimique du protoplasma est très variable : on peut néanmoins la ramener toujours à une matière albuminoïde quaternaire, contenant de l'eau et différentes matières issues de son activité. Le protoplasma contient donc de l'oxygène, de l'hydrogène, du carbone et de l'azote. Voici quelques-unes de ses propriétés :

1° Dégage en brûlant des vapeurs ammoniacales.

2° Se coagule par la chaleur.

3° Se colore en jaune par l'iode, en rose par l'acide sulfurique et le sucre.

4° Se dissout dans l'acide acétique cristallisable et la potasse étendue.

Enfin le protoplasma s'accroît depuis sa naissance jusqu'à sa taille limite.

II

LES LEUCITES

Parmi les inclusions du protoplasma, les plus importants sont ceux que l'on appelle des *leucites* : au microscope ils se reconnaissent de suite à leur réfringence et à leur forme arrondie ou ovalaire. Ce sont aussi des matières albuminoïdes. Ils semblent se reproduire toujours par division, c'est-à-dire qu'un leucite provient toujours de la division en deux d'un leucite préexistant. Le rôle des leucites dans la cellule est toujours très important en ce qu'ils renferment de matières ayant une fonction immédiate Exemples : leucites chlorophylliens ou médiate Exemples : grains d'aleurone . Dans ce dernier cas, ils servent surtout de *réserve*. Suivant leur nature ou leurs fonctions, on divise les leucites en divers groupes que nous allons examiner.

III

LES CHROMOLEUCITES

Dans les cellules des fleurs, on rencontre des leucites contenant des matières colorées : ce sont les *chromoleucites*. Leur rôle n'est pas encore bien défini. Leur pigment est jaune soleil., bleu Begonia , rouge *Geranium phœum* , violet *Orchis morio* , etc. Ce sont généralement mais non toujours) eux qui donnent la teinte aux parties colorées des plantes. fleurs. fruits. etc.

IV

LES CHLOROLEUCITES
OU CORPS CHLOROPHYLLIENS

Les Chromoleucites qui renferment une matière verte, la chlorophylle, méritent une mention spéciale en raison de leur rôle considérable.

La chlorophylle est extrêmement rare, si même elle existe, dans le règne animal. Par contre, elle est très commune chez les plantes, mais elle n'existe pas chez toutes. Les Champignons, quelques Algues, voire même quelques phanérogames *Neotia nidus avis, Limodorum abortivum*, etc. en sont dépourvus. Dans une même plante, d'ailleurs, la chlorophylle manque dans la racine; elle est rare dans la fleur et dans la tige.

Répartition de la chlorophylle dans les cellules[1]. D'ordinaire le pigment vert est localisé dans des leucites; ce n'est que dans des cas très rares qu'il imprègne uniformément le protoplasma. Les *corps chlorophylliens ou chloroleucites* sont les seules parties

1. Les renseignements concernant la chlorophylle sont donnés d'après E. F. Belzung, *La Chlorophylle et ses fonctions*. Paris, 1889.

vertes de la cellule ; le protoplasme fondamental reste incolore.

Les chloroleucites sont le plus souvent très nombreux dans chaque cellule et se présentent alors sous la forme de grains arrondis, ovales ou même polyédriques par pression réciproque, appelés vulgairement *grains de chlorophylle*.

D'autres fois, chaque cellule ne renferme qu'un seul chloroleucite ou tout au moins un petit nombre, et alors les chloroleucites très développés affectent des formes variables, mais autres que celles de grains. Dans le *mesocarpus* c'est une plaque rectangulaire axile, dans le *closterie*, des sortes d'étoiles, dans le *spirogyra* un ruban vert contourné en spirale, etc.

Structure des chloroleucites. — Ils sont composés essentiellement d'une trame protoplasmique, peut-être d'une membrane et de deux matières colorantes, la *chlorophylle* et la *xanthophylle*.

Quand on fait germer une plante à l'obscurité, elle garde une teinte jaune : elle est *étiolée* et ses chloroleucites ne renferment que de la *xanthophylle*. Si on porte cette plante à la lumière, elle verdit et, dans les chloroleucites, à ce pigment jaune, s'ajoute un pigment vert, la *chlorophylle*.

Pour montrer la présence de ces deux pigments dans les plantes, voici comment l'on procède. On fait macérer les plantes vertes dans de l'alcool et l'on obtient un liquide vert. En agitant celui-ci avec de la benzine et en laissant reposer, on voit le liquide se diviser en deux couches : l'inférieure, l'alcool avec la xanthophylle ; la supérieure, la benzine avec la chlorophylle.

Hansen prépare la chlorophylle pure en saponifiant une teinture fraîche de jeunes plantules de Blé. Après avoir concentré rapidement la teinture de chlorophylle, on verse goutte à goutte de la soude dans la liqueur bouillante, en agitant constamment et en remplaçant l'alcool par de l'eau au fur et à mesure qu'il s'évapore. On sépare ensuite le savon formé en faisant bouillir l'extrait avec une solution de chlorure de sodium. On traite le savon par l'essence de pétrole, qui dissout un principe jaune, la xanthophylle, et cela à plusieurs reprises, puis par l'éther additionné d'une petite quantité d'alcool, qui dissout la chlorophylle pure. Par évaporation, les deux dissolutions laissent cristalliser les pigments chlorophylliens.

Propriétés de la chlorophylle. — La chlorophylle est un principe azoté, dont la formule est sensiblement $C^{36} H^{6} Az O^{4}$, soluble dans l'alcool, dans les huiles grasses, la benzine, l'éther et le sulfure de carbone. Sa dissolution présente une belle teinte d'un vert émeraude; elle est dichroïque et fluorescente en rouge.

L'acide chlorhydrique concentré transforme d'abord la chlorophylle pure en *chlorophyllane*, qui, ensuite, est dédoublée en deux corps, la *phyllocyanine*, bleue, soluble dans l'acide chlorhydrique, et la *phylloxanthine*, d'un jaune brun.

Le spectre d'absorption de la chlorophylle est caractérisé par quatre bandes noires I, II, III, IV, situées dans la moitié la moins réfrangible du spectre; c'est la bande III qui est la moins intense. La chlorophylle pure obtenue par réduction de la chlorophyllane présente, d'après Eschirch, tous les caractères spectroscopiques de la feuille vivante. La bande I est située dans le rouge et comprise entre les raies B et C de Fraunhofer; la bande II est située dans l'orange entre les raies C et D; la bande III dans le jaune, un peu après la raie D; enfin la bande IV, dans le jaune-vert, un peu en deçà de E.

Vie des chloroleucites. — On discute beaucoup sur la naissance des grains de chlorophylle. Les uns prétendent qu'ils naissent toujours d'un leucite préexistant. Pour d'autres, les grains peuvent naître au dépens de divers corps et notamment des grains d'amidon. Quoi qu'il en soit, les grains de chlorophylle grandissent et se divisent à plusieurs reprises.

Les grains de chlorophylle sont par eux-mêmes immobiles, mais ils peuvent être entraînés par les mouvements protoplasmiques. C'est ainsi que dans un filament de *Mesocarpus*, la plaque chlorophyllienne se place perpendiculairement à la direction de la lumière incidente.

Si l'on soumet une feuille de mousse à l'action d'une radiation d'intensité moyenne, perpendiculaire à la feuille, les grains de chlorophylle viennent s'accumuler sur les deux faces libres de chaque cellule. Si la radiation change de direction, les grains de chlorophylle se déplacent de façon à toujours garder la position de face par rapport à elle.

On comprend d'après cela pourquoi, pendant le jour, les grains de chlorophylle occupent surtout les faces libres supérieure et inférieure (fig. 2), tandis que le soir, ils vont se grouper sur les faces latérales et y restent durant toute la nuit, pour revenir le matin suivant à leur première position (fig. 3). La *position diurne* est déterminée par la direction presque perpendiculaire de la radiation solaire : la *position nocturne* par sa direction d'abord oblique, puis horizontale, par rapport à la feuille.

Dans la position de face correspondant à

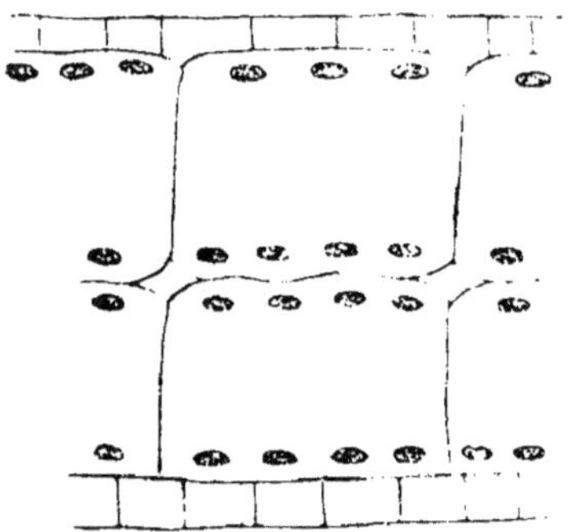

Fig. 2. — Coupe schématique dans une lentille d'eau pendant le jour.

On voit les grains de chlorophylle dans les cellules du parenchyme.

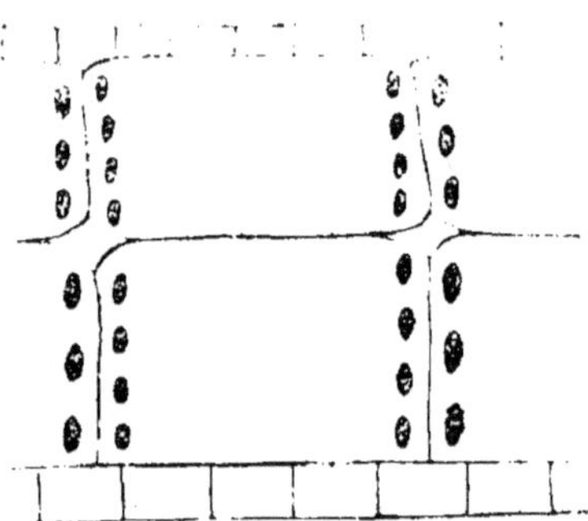

Fig. 3. — Coupe schématique dans une lentille d'eau pendant la nuit ou à une lumière très intense.

Comparer la position des grains de chlorophylle avec celle qu'ils occupent dans la figure 2.

une radiation d'intensité moyenne, l'appareil chlorophyllien est disposé de manière à utiliser le mieux possible la radiation incidente. Si la radiation devient trop intense, les grains prennent la position de profil, ce qui évite alors l'effet destructeur sur la substance des corps chlorophylliens.

V

LES GRAINS D'ALEURONE

Les grains d'aleurone sont particulièrement communs, dans les graines Ricin où ils jouent le rôle de matière de réserve. Ils sont arrondis et de dimensions très variables. La matière chimique qui les constitue est comme le protoplasma, de nature albuminoïde.

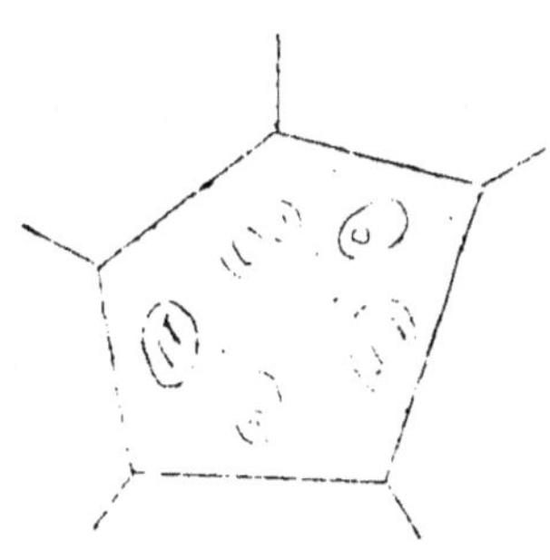

Fig. 4 — Schéma d'une cellule de l'albumen du Ricin.

On voit dans le protoplasma les grains d'aleurone avec des globoïdes et des cristalloïdes.

Il arrive souvent que les grains d'aleurone renferment des corps autour desquels ils se sont formés, les uns sont ronds, les *globoïdes*, les autres prennent des formes cristallines, les *cristalloïdes*. On doit les observer au microscope dans l'huile ou la glycérine, car l'eau les altère (fig. 4).

Nous verrons plus loin que les grains d'aleurone peuvent être considérés comme des hydroleucites desséchés.

VI

LES CRISTALLOÏDES

Les cristalloïdes sont de petits cristaux de nature albuminoïde. Ils diffèrent des cristaux obtenus en chimie en ce qu'ils sont perméables à l'eau qui les gonfle. L'eau qui les imbibe n'est pas répandue uniformément dans toute la masse : les cristaux sont formés de couches successives alternativement riches et pauvres en eau. Ils sont toujours libres dans le protoplasma ou le noyau : on peut les observer facilement dans les champignons qui forment les moisissures.

VII

L'AMIDON

L'amidon est une matière de réserve. Il se présente sous forme de grains dans les cellules. On le reconnaît facilement par la coloration bleue que lui communique l'iode.

La forme des grains est très variable : elle permet de reconnaître leur origine, ce qui est très utile dans l'étude des falsifications. Chez la pomme de terre, où on a souvent l'occasion de les étudier, ils sont ovalaires. Généralement isolés, ils peuvent se réunir en deux, trois, etc., en une masse commune qui porte le nom de *grain composé* (fig. 5).

Un grain d'amidon a toujours une struc-

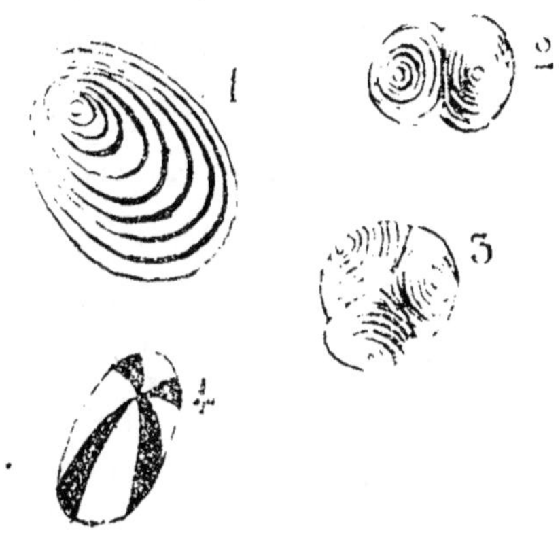

Fig. 5. — Grains d'amidon, vus à un fort grossissement.

1, grain simple d'amidon de pomme de terre; 2 et 3, grains composés; 4, grains d'amidon vus à la lumière polarisée.

ture feuilletée : il est formé de couches alternativement claires et obscures. Cette différence de teinte tient à leur contenance en eau : les couches brillantes sont dures et les couches ternes, molles. Ces couches concentriques partent d'un point central, le *hile*. Toujours la couche externe est dure et brillante, tandis que le hile est mou et terne.

Le hile est rarement placé au centre du grain; le plus souvent il est excentrique.

Dans les grains composés, chaque grain a son hile et ses couches spéciales.

En desséchant les grains, par exemple avec de l'alcool absolu, la stratification disparaît, par suite de la perte d'eau des couches humides.

La cohésion et l'élasticité de la substance amylacée, très faible dans le sens des couches, est très grande dans le sens perpendiculaire. Dans l'eau, les grains se gonflent, mais plus dans le sens des couches.

En lumière polarisée, les grains présentent une croix noire dont le centre est au hile; c'est même là un moyen de trouver celui-ci quand il n'est pas très visible. Ils sont biréfringents.

Tout démontre que les grains d'amidon sont formés d'une multitude de petits cristaux, de cristalloïdes.

Les uns naissent dans des leucites incolores, d'autres dans des chloroleucites.

La croissance des grains d'amidon est encore sujette à discussion. Si le grain, en effet, s'accroissait par apposition successive de couches alternativement humides et sèches, on ne comprendrait pas comment la dernière couche, c'est-à-dire la plus externe, serait toujours dure et brillante. La théorie par *intussusception* de Nægeli, avec des *mi-*

celles, semble aujourd'hui abandonnée. La
théorie de Schimper, par *opposition*, est, au
contraire, généralement adoptée. Dans cette
théorie, il se déposerait à l'extérieur une
couche dure dont la région médiane absor-
berait de l'eau : de cette façon, la couche
extérieure serait toujours dure.

L'amidon, nous le rappelons ici, est une
matière ternaire, dont le produit principal
est de se transformer en glucose sous l'in-
fluence d'une diastase spéciale. A certaines
époques, les grains sont attaqués par cette
dernière, la granulose disparaît la première
et laisse un squelette d'amylose qui à son
tour est attaqué.

VIII

LES CORPS GRAS

Les végétaux sont très riches en corps gras.
Ceux-ci se présentent à l'intérieur du protoplasma sous forme de gouttelettes plus ou
moins molles, toujours très réfringentes, et
plus légères que l'eau. Ce sont des corps ter-
naires, très riches en oxygène. Exemple :
Lin, Ricin, Coco, Noix.

IX

HUILES ESSENTIELLES

Les Huiles essentielles sont binaires : elles ne contiennent que du carbone et de l'hydrogène, pas d'oxygène. Ces carbures d'hydrogène sont généralement liquides. Ce sont eux qui donnent le parfum aux fleurs. — Au même groupe appartiennent les résines, le caoutchouc, etc. Toutes ces matières semblent être des produits de désassimilation.

X

CRISTAUX

Les cellules végétales peuvent contenir de véritables cristaux minéraux. Les plus communs sont constitués par de l'oxalate de chaux. Les auteurs ne sont pas d'accord sur l'endroit où ils se développent. Les uns disent qu'ils ne peuvent se former que dans le suc cellulaire ; d'autres disent qu'ils se forment dans le protoplasma et qu'ils sont ensuite rejetés dans le suc cellulaire. Cette dernière opinion semble compatible avec ce fait que l'on voit souvent des cristaux dans les filaments protoplasmiques et que ceux-ci sont entraînés par le courant. L'oxalate de chaux cristallise dans deux systèmes : 1° prisme droit à base carrée ; il y a alors 6 équivalents d'eau ; 2° prisme clinorhombique ; il y a alors 2 équivalents d'eau.

Ces cristaux présentent en outre des troncatures, des mâcles, des allongements, des agglomérations, etc. L'oxalate se présente souvent dans les cellules en cristaux allongés en aiguilles réunies en un faisceau : ce sont les *raphides*. Mais les cristaux que l'on rencontre le plus généralement sont réunis en grand nombre autour d'une partie centrale de laquelle ils rayonnent. La masse sphérique ainsi formée présente alors de nombreux pointements libres qui donnent à l'ensemble l'aspect d'un petit oursin, d'où le nom de *cristaux en oursins* qu'on leur donne quelquefois.

XI

SUC CELLULAIRE

Nous savons que le protoplasma est creusé de cavités remplies de liquide. On considérait autrefois ces *vacuoles* comme de simples trous percés dans le protoplasma. Aujourd'hui on sait qu'il n'en est pas ainsi et qu'il faut chercher leur origine dans des leucites spéciaux, des *Hydroleucites*, qui se creusent une cavité, laquelle se remplit de liquide et augmente énormément de volume.

Le suc cellulaire contient la plupart des matières solubles de la cellule, notamment des diastases, des peptones, des amides (asparagine), des alcalis organiques, des matières colorantes, de la dextrine, des gommes, des sucres, des Glucosides, du tannin, des acides organiques, des sels minéraux, de l'*inuline*, etc. Pour voir cette dernière matière, il faut plonger l'organe (tubercules de dahlias) dans de l'alcool : l'inuline alors apparaît sous forme de sphéro-cristaux envahissant parfois plusieurs cellules voisines. La composition chimique de l'inuline est très voisine de celle de l'amidon.

Les Hydroleucites se reproduisent par division.

Les grains d'aleurone peuvent être considérés comme des hydroleucites desséchés et dont le suc est riche en matières albuminoïdes.

XII

LE NOYAU

Toutes les cellules sont pourvues d'un noyau. Quelques-unes en possèdent plu-

sieurs : elles prennent alors le nom d'*articles* :
on en a des exemples dans les *Mucor*, les cellules laticifères de l'ortie, l'albumen du *Cory-
dalis*. Mais ces cas sont plutôt assez rares.

Un noyau se compose presque toujours
d'une *membrane* externe ; d'un contenu liquide, le *suc nucléaire*, d'un ou deux petits
corps arrondis très réfringents, les *nucléoles*,
et enfin d'un filament pelotonné sur lui-même,
qui, en raison de sa grande affinité pour les
matières colorantes, a reçu le nom de *filament
chromatique*.

Le noyau est formé d'une matière albuminoïde spéciale, la *nucléine*, remarquable par
son affinité pour les matières colorantes, sa
richesse en phosphore et son attaque difficile
par le suc gastrique.

XIII

LA MEMBRANE

La membrane cellulaire, si rare chez les
animaux, est au contraire la règle chez les
plantes : on peut dire que, plus encore que
la chlorophylle, elle domine la vie des plantes.

La membrane est tantôt extrêmement
mince, tantôt très épaisse ; dans ce cas, elle
présente des zones concentriques. Elle est

solide, perméable aux gaz et à l'eau. Elle est de plus très élastique.

Au point de vue chimique, elle est essentiellement formée de *cellulose*, matière ternaire plus condensée que l'amidon. Cette matière, caractéristique du règne végétal, est solide, blanche, translucide, insoluble dans l'eau, l'alcool, les acides, l'éther, etc. Elle résiste en somme à tous les réactifs sauf à la solution ammoniacale d'oxyde de cuivre qui la dissout. Bouillie dans un mélange d'acide nitrique et de chlorate de potasse, elle donne de l'acide oxalique. L'iode après l'action de l'acide sulfurique ou du chlorure de zinc la colore en bleu. Il y a plusieurs celluloses: la plupart d'entre elles sont dissoutes par une bactérie de l'eau, le *Bacillus amylobacter*.

La membrane est également riche en composés pectiques. Elle contient en outre d'autres produits destinés à lui donner de la résistance, de la silice par exemple.

La membrane s'accroît par apposition de matière. L'épaississement ne se produit parfois qu'en certains points, et alors on a une sculpture en relief ou en creux.

La cellule est souvent enveloppée de toute part par la membrane; mais celle-ci peut aussi avoir des pores au travers desquels les protoplasmas voisins communiquent.

Cutinisation. — La membrane est rarement formée exclusivement de cellulose. Celle-ci s'imprègne de différentes manières. C'est ainsi que les cellules extérieures ont une partie de leur membrane, celle en contact avec l'air, imprégnée de *cutine*. Cette matière se colore en jaune par l'iode; elle fixe énergiquement les couleurs d'aniline. Elle est insoluble dans l'eau et dans le liquide cuproammoniacal; elle résiste à l'action du *Bacillus amylobacter*.

Subérification. — En certains points des racines et des tiges, les cellules imprègnent leur membrane de manière à la rendre imperméable aux gaz et aux liquides : c'est le *liège* ou *suber*. La *subérine* qui le caractérise est très analogue à la cutine.

Gélification. — La membrane se gélifie quelquefois en absorbant de l'eau : c'est le cas des membranes des *Nostoc* et des cellules externes de la graine de Lin. Cette gelée est une transformation de la cellulose.

Signification. — Le bois est formé de cellules dont la membrane est incrustée d'une matière mal définie, la *lignine*; son réactif principal est la phloroglucine additionnée d'acide chlorhydrique qui la colore en rose.

Minéralisation. — La membrane est souvent imprégnée de sels minéraux qui s'y déposent en amas granuleux, ou en cristaux, ou d'une manière homogène. C'est ainsi que les parois des Diatomées sont imprégnées de silice. De même chez les Graminées où la silice est parfois assez dure et assez abondante pour qu'on puisse battre le briquet. Certaines Prêles sont, pour la même raison, employées à polir les meubles ou gratter les taches d'encre sur le papier.

XIV

MULTIPLICATION DES CELLULES

Dans le cas le plus général, les cellules, arrivées au terme de leur croissance, se divisent en deux autres cellules filles (fig. 6).

Au moment où la cellule va se diviser, la membrane nucléaire disparaît et le filament chromatique est mis à nu au sein du protoplasma. En même temps, ce filament se raccourcit beaucoup en augmentant de volume, à la manière d'un tube de caoutchouc tendu qu'on laisse revenir sur lui-même. Il prend alors la forme d'une rosette sinueuse qui se place dans le plan équatorial de la cellule. En examinant à ce moment le protoplasma, on voit qu'il est apparu à ses deux pôles deux corps particuliers auxquels on a donné le nom de *sphères attractives* ou d'*asters*. Chacun d'eux est formé au centre par une petite masse protoplasmique arrondie, le *centrosome*, autour duquel les granulations du protoplasma ambiant se disposent en rayonnant,

Fig. 6. — Schéma de la karyokynèse.

A. cellule au repos; B. raccourcissement du filament chromatique et apparition des asters; C. formation de la rosette; D. apparition de l'amphiaster et rupture de la rosette; E. le même, où l'on n'a représenté que deux filaments directeurs et ceux U; F. division des U en deux U superposés; G. migration des U; H. les U arrivés au terme de leur voyage; I. formation de deux rosettes; J. la cellule divisée en deux.

ce qui donne à l'ensemble l'aspect d'une étoile, d'où le nom d'*aster*.

Bientôt les granulations qui regardent l'aster du côté opposé augmentent de plus en plus de nombre, et, finalement, forment des traînées longitudinales qui réunissent les deux asters, en passant par la région où se trouve le noyau. L'ensemble des deux asters et des filaments granuleux constitue l'*amphiaster*.

Pendant qu'il se formait, le noyau ne restait pas inactif : il s'était, en effet, segmenté en un certain nombre de parties ayant chacune l'aspect d'un V ou d'un U majuscule. On remarque, en outre, qu'il y a autant d'U que de filaments à l'amphiaster.

Chacun des U se fend ensuite transversalement en deux U superposés qui s'éloignent immédiatement l'un de l'autre. Ils se dirigent ainsi vers chacun des deux asters, en se guidant le long des filaments de l'amphiaster, qui, pour cette raison, ont reçu le nom de *filaments directeurs*.

Les U s'écartent de plus en plus et finissent par converger aux deux pôles de la cellule, c'est-à-dire aux deux asters. Une fois arrivés là, les U d'un même pôle se réunissent entre eux en reformant un filament chromatique pelotonné qui s'entoure ensuite d'une membrane : nous avons deux noyaux au lieu d'un.

Perpendiculairement à la ligne des centres, le protoplasma forme une membrane qui sépare ainsi la cellule en deux autres, pourvues chacune d'un noyau et identique à celle d'où nous sommes partis.

Telle est la division de la cellule par le phénomène désigné généralement sous le nom de *Karyokynèse*.

Comme on le voit, c'est le noyau qui donne le signal de la division cellulaire : c'est lui qui dirige cette division, et le rôle du protoplasme n'est que secondaire. Les asters avec leurs centrosomes, d'après la description que nous venons de donner et qui était admise jusqu'en ces derniers temps, ne préexisteraient pas dans le protoplasma : ils n'y apparaîtraient qu'au moment où la cellule et, par suite, le noyau, ont déjà commencé à se diviser.

M. Guignard, dans un travail relativement récent, est arrivé à des conclusions toutes différentes. En effet, d'après lui, les centrosomes préexistent dans la cellule même au repos : grâce à une technique histologique très précise, il a pu retrouver ces centrosomes dans les cellules au repos, dans des plantes et dans des organes très variés : citons en particulier les cellules mères primordiales et définitives du lis et des fritillaires, les cellules mères du sac embryonnaire, les cellules de l'appareil sexuel femelle dérivé de ce corps, l'albumen de certaines plantes, etc.

Il a vu ainsi que tout à côté du noyau, dans le protoplasma, il y a deux corps arrondis, les centrosomes, placés l'un à côté de l'autre. Chacun d'eux est entouré par une aréole transparente limitée extérieurement par un cercle granuleux (fig. 7).

Les deux corps restent ainsi disposés tant

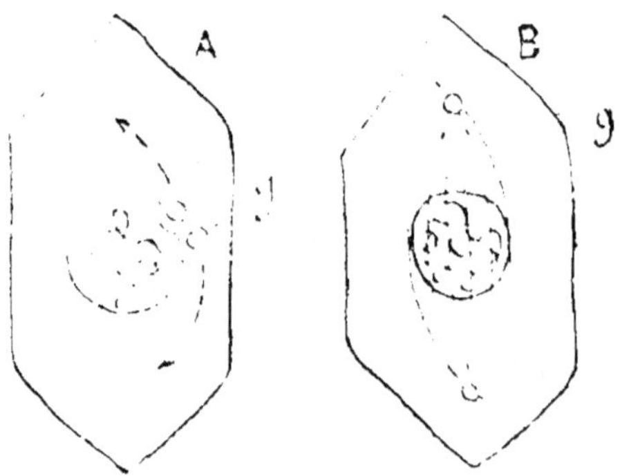

Fig. 7.

A. Schéma d'une cellule au repos. On voit les deux centrosomes *a*; les flèches indiquent les directions que prendront les centrosomes au moment de la karyokynèse.

B. Schéma montrant les centrosomes *g* et le centre des asters.

que la cellule est au repos. Mais lorsque la cellule va se diviser, les deux centrosomes s'éloignent l'un de l'autre et vont se placer aux deux pôles de la cellule, en se réunissant bientôt par des ligaments directeurs.

Et ce phénomène a lieu avant que le noyau ait perdu sa membrane d'enveloppe, c'est-à-dire avant que le noyau ait donné trace de tendance à une division. Ensuite la division s'opère par le même mécanisme que celui que nous avons décrit plus haut.

Une fois les deux noyaux formés, il y a dans chaque cellule un seul centrosome, qui se segmente en deux autres, lesquels attendent le moment propice pour s'éloigner l'un de l'autre et pour donner ainsi le signal d'une nouvelle bipartition cellulaire.

On voit que, malgré les apparences, ce n'est pas le noyau qui est l'agent originel de la division de la cellule, mais le protoplasma par l'intermédiaire des centrosomes, lesquels existent dans toutes les cellules.

CHAPÍTRE II

LES TISSUS

I

MÉRISTÈME

Les cellules en se multipliant forment des agrégats où chacun des éléments grandit. Bientôt quelques cellules voisines se différencient de la même façon et forment par leur ensemble un *tissu*. Auparavant toutes les cellules se ressemblent et constituent un tissu momentané que l'on désigne sous le nom de *méristème*. Un méristème est caractérisé par des cellules à parois minces, à protoplasme dense sans vacuoles et surtout en voie de division. Ces méristèmes se rencontrent par exemple au voisinage des extrémités de la tige et de la racine. Le plus souvent, il y a un point où la division des cellules est très actif : c'est le *point végétatif*. Ces méristèmes se différencient plus tard en épiderme, bois, liber, etc.

II

ÉPIDERME

La couche extérieure des tiges et des feuilles, l'épiderme, est généralement formée de cellules très intimement réunies entre elles, mais fixées d'une manière assez lâche aux cellules sous-jacentes. Généralement dépourvues de chlorophylle, elles présentent une membrane externe cutinisée.

Stomates. — En de nombreux points, l'épiderme présente des trous, des *stomates*, qui mettent en communication l'atmosphère avec l'intérieur du végétal. Ces orifices sont bordés par deux cellules spéciales, les *cellules stomatiques* : c'est une véritable boutonnière. Les cellules ont la forme de rein ; en s'adossant l'une à l'autre par leur face concave, elles laissent entre elles un orifice, l'*ostiole*. La structure des cellules stomatiques est différente de celle des cellules voisines : elles possèdent presque toujours de la chlorophylle. La partie de leur membrane qui borde l'orifice présente deux épaississements longitudinaux. Souvent, il y a au-dessous des stomates une *chambre sous-stomatique* (fig. 8).

Les stomates peuvent s'ouvrir ou se fermer. Quand les cellules deviennent molles, elles s'affaissent, s'appliquent l'une sur l'autre et bouchent l'orifice. Au contraire, quand elles sont en turgescence, elles se redressent et deviennent plus concaves, ce qui ouvre l'orifice.

Les stomates, par ce mécanisme, sont ou-

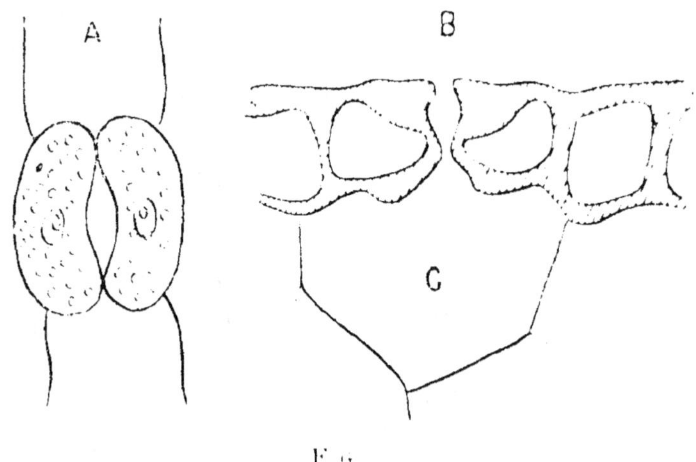

A, stomate vu de face.
B, coupe transversale d'un stomate et C, une chambre sous stomatique C.

verts pendant le jour et fermés pendant la nuit.

Poils. — L'épiderme présente encore des accidents d'un autre ordre. Certaines de ses cellules prennent un grand développement, s'allongent au dehors, se divisent et donnent des *poils*.

Le poil peut rester *unicellulaire*. Il peut aussi se cloisonner en cellules placées à la file les unes des autres (*poil unisérié*) ou donner une plaque (*poil écailleux*) ou une masse solide (*poil massif*).

Les poils peuvent mourir et c'est leur membrane seule qui subsiste. Dans ce cas ils forment du duvet (Immortelle), des écailles argentées (Broméliacées), des pointes rigides et piquantes (Borraginées) ou des crochets (Gratteron).

Les poils aussi peuvent rester vivants et, par exemple, accumuler à leur intérieur des huiles essentielles (Patchouli, Thym). Chez les orties, les poils prennent une taille assez grande et se terminent par un petit bouton arrondi. Quand on vient à toucher celui-ci, il se brise de manière à laisser une cassure en biseau qui pénètre dans la peau et y déverse un liquide acide et irritant.

III

LIÉGE

Le liége est formé de cellules subérifiées, généralement disposées en séries radiales et tangentielles. Le plus souvent le protoplasma disparaît après avoir épaissi la membrane; le contenu est remplacé par de l'air : ce sont des cellules mortes.

IV

PARENCHYME

Le parenchyme n'a pas une définition bien précise. C'est, pourrait-on dire, ce qui n'est ni méristème, ni bois, ni liber, etc. Il est formé de cellules « bien pondérées » où une partie ne prend pas un développement exagéré par rapport aux autres. Leur forme ne présente rien de régulier.

Le parenchyme le plus commun est celui dont les membranes restent minces : suivant qu'il contient de la chlorophylle, de l'amidon, de la graisse, etc., on le dit *chlorophyllien, amylacé, gras*, etc. Dans les cellules s'accroissant beaucoup dans un sens, en prisme, le parenchyme est dit *palissadique*. Si les cellules laissent entre elles des espaces libres, des méats, le parenchyme est dit *lacuneux*. Il est étoilé quand les cellules qui le constituent ont la forme d'étoile (moelle du jonc).

Le *collenchyme* est une variété de parenchyme où les membranes sont épaissies surtout suivant les arêtes. Sur une coupe, ces membranes sont très réfringentes, bleuâtres, brillantes. C'est de la cellulose pure, se colorant en bleu par le chlorure de zinc iodé. Le collenchyme est très résistant ; on le trouve en couche continue dans les tiges ou les feuilles Lierre ou en faisceaux séparés angles des tiges de Labiées .

Le *parenchyme scléreux* est composé de cellules prismatiques très intimement unies les unes aux autres. avec des membranes très épaissies et lignifiées. Ce parenchyme est commun dans le bois.

V

TISSU SÉCRÉTEUR

Certaines cellules ont la propriété d'accumuler dans leur intérieur des produits de *sécrétion* qui ne semblent pas être résorbés ultérieurement : il semble que ce soit des produits d'élimination. Ce sont ces cellules. dont les parois restent généralement minces qui caractérisent le *tissu sécréteur*. Les formes et les manières d'être de ce tissu en sont très variées: citons les principales fig. 9 :

1 *Tissu sécréteur formé de cellules solitaires.*

Ce cas se rencontre dans les poils d'un certain nombre d' « herbes odorantes », comme le Patchouli. Là. la matière sécrétée s'accumule entre la cellule et la membrane cellulosique qui se soulève.

On peut considérer aussi comme cellules

sécrétrices, celles qui renferment du tannin, de l'oxalate de chaux, de la gomme, des huiles essentielles.

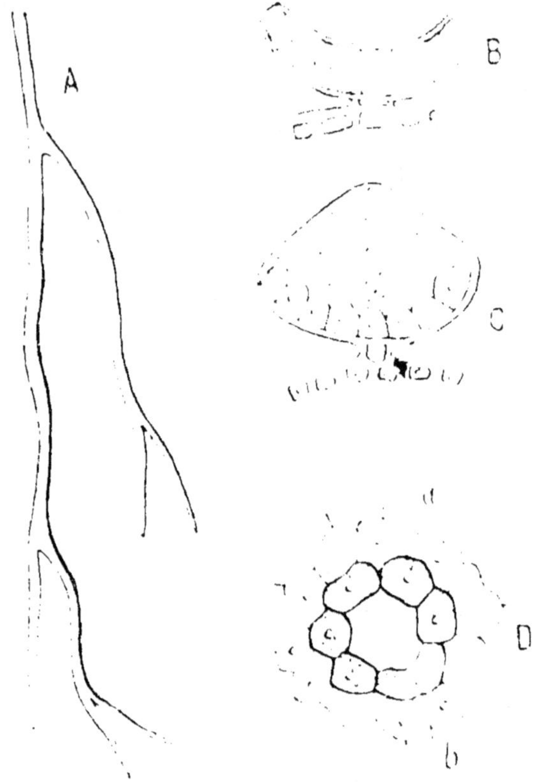

Fig. 9. — Quelques formes de tissus sécréteurs.

A, portion d'une cellule sécrétrice rameuse d'une Euphorbiacée.

B, poil en massue.

C, le même qui a sécrété un suc onctueux au-dessous de la cuticule.

D, coupe transversale d'un canal sécréteur. a, cellules sécrétrices; b, cellules protectrices.

Mais les plus remarquables assurément de ces cellules solitaires sont celles qui renferment le latex dans les Euphorbiacées, les

Urticées, les Apocynées, les Asclépiadiées. Ce sont de longues cellules, en petit nombre dans la plante, mais indéfiniment rameuses, qui, déjà présentes dans l'embryon, croissent avec les organes qui les contiennent et s'étendent sans discontinuité dans tout le corps du végétal, depuis l'extrémité des racines les plus profondes jusqu'à celle des feuilles les plus hautes. A l'intérieur d'un grand mûrier, par exemple, c'est par kilomètre que se mesure le développement total des branches d'une pareille cellule. » Van Tieghem.

Un caractère intéressant de ces cellules laticifères, c'est que leur membrane mince est formée d'une variété de cellulose qui n'est pas attaquée par l'amylobacter. En faisant macérer une tige d'Euphorbe dans l'eau, les cellules laticifères finissent par être isolées. A l'intérieur, on rencontre de nombreux noyaux en voie de division, de la pepsine, des peptones, du sucre, du malate de chaux et de petits globules en émulsion, globules de la nature des caoutchoucs. Il y a aussi des grains d'amidon en forme de bâtonnets ou de tibias.

2° *Tissu sécréteur formé de files de cellules.* — Les cellules sécrétrices se groupent souvent en files longitudinales. Leur contenu est d'ailleurs variable; elles peuvent former de la gomme-résine *Allium*, de la gomme, des raphides, de la résine *Aloès*, etc. Quand le liquide est formé d'une émulsion de globules qui lui donnent un aspect laiteux, on lui donne plus spécialement le nom de latex *Glaucium*. Chez les Chélidoines, les cellules laticifères communiquent toutes entre elles par des cribles dont sont percées leurs membranes en contact.

3° *Tissu sécréteur formé d'un réseau de cellules.* — Les files de cellules que nous venons de décrire sont parfois réunies aux voisines par des branches anastomotiques : par leur ensemble, elles forment un réseau (cellules laticifères de la Scorzonère et du Pavot). C'est dans le latex du Pavot que se rencontrent les alcaloïdes qui lui donnent ses propriétés narcotiques.

4° *Tissu sécréteur formé d'une assise de cellules.* — Sur les feuilles du Houblon, on rencontre des poils d'une nature particulière : c'est une plaque cellulaire, supportée par un petit pédicelle. Ces cellules sécrètent un liquide qui s'accumule au-dessous de la membrane supérieure et la soulève. Ces « poils en écusson » du Houblon sont désignés sous le nom vulgaire de *lupulins*.

D'autres fois, les cellules sécrétrices sont placées autour d'un espace central dans le-

quel elles déversent leurs produits de sécrétion. Si ces espaces sont longs, ce sont des
canaux sécréteurs Lierre ; s'ils sont courts,
ce sont des *poches sécrétrices* Pin . Souvent
ces canaux sont formés de deux assises concentriques de cellules : l'assise interne est
sécrétrice, l'assise externe, protectrice.

3° *Tissu sécréteur formé d'un massif cellulaire.* — Dans ce groupe il faut citer comme
exemple les poils massifs du *Dictamus fraxi-
nella* et les nodules sécréteurs des oranges,
du Millepertuis, etc.

VI

SCLÉRENCHYME

Le sclérenchyme est caractérisé par des
cellules mortes, à parois très épaisses et lignifiées. Souvent ces cellules sont allongées,
terminées en pointe aux deux bouts : ce sont
alors les fibres.

VII

LE TISSU CRIBLÉ

Le tissu criblé caractérise ce que nous
apprendrons à connaître plus loin sous le
nom de *liber* fig. 10 .

Les tubes criblés sont des cellules placées à la file les unes des autres et séparées par des membranes incomplètes, percées de trous, par des cribles. Ces tubes, d'après M. H. Lecomte, peuvent se présenter

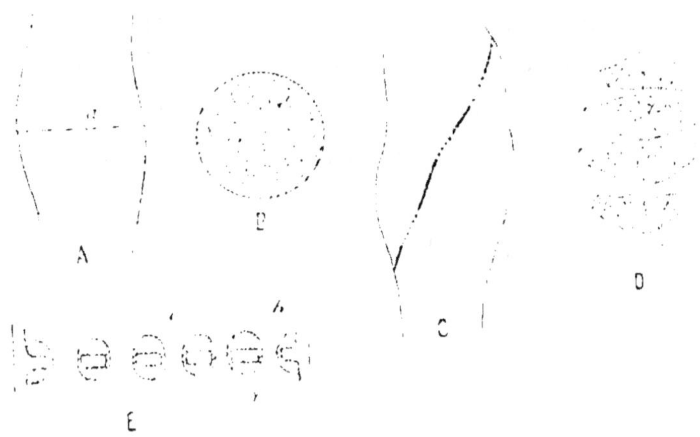

Fig. 16. — Tubes criblés.

A, coupe schématique d'un tube criblé de courge, coupe ... crible courge.
B, crible vu de face courge.
C, coupe schématique d'un tube criblé de vigne.
D, crible de vigne.
E, coupe schématique ... crible ...

sous deux états principaux. Dans l'un type Courge, les cloisons sont transversales ou légèrement obliques, transformées en cribles sur toute leur étendue; dans l'autre type Vigne, les cloisons sont dirigées obliquement et sont pourvues de plusieurs cribles. Dans la Courge, les tubes ont de 3 10... à 4 10... de millimètre.

Les membranes pariétales sont formées de cellulose pure. Sur la coupe, on les reconnaît à leur aspect brillant, nacré.

Le crible est percé d'un certain nombre de trous arrondis. Sur la coupe, les mailles se montrent comme formées au centre d'une matière cellulosique, et autour, d'une substance, connue sous le nom de *cal*; ce n'est pas de la cellulose, car elle est azotée. Le cal ressemble à de la cellulose gélifiée; il ne se colore ni par l'iode, ni par le chloroiodure de zinc. L'acide rosolique avec un peu d'ammoniaque le colore fortement.

A l'automne, le cal se gonfle et les cribles se trouvent fermés; ils se rouvrent au printemps.

Le contenu est un liquide clair, alcalin, entouré d'une couche mince presque homogène, de nature gélatineuse; c'est une substance albuminoïde, analogue au protoplasma, dépourvue de noyau (on l'a cependant rencontré quelquefois). A la surface des cribles et dans leurs orifices, il y a une masse de gelée jaunâtre, dense et brillante. Dans la couche pariétale, on a signalé des grains d'amidon et des mouvements; ce sont des éléments encore vivants, bien que dépourvus de noyaux.

Les tubes cribles dont nous venons de

parler se rencontrent chez les angiospermes. Chez les gymnospermes, les tubes criblés sont des prismes quadrangulaires qui ont des cribles sur les membranes transversales et sur leurs faces longitudinales radiales. Chez les cryptogames vasculaires, les tubes conservent à tout âge leurs pores fermés. Les ponctuations sont grillagées, non criblées.

VIII

LE TISSU VASCULAIRE

Le *tissu vasculaire* se compose d'éléments appelés *vaisseaux*; il caractérise le *bois* et en même temps les plantes dites *vasculaires*.

Les vaisseaux sont des tubes qui généralement courent d'un bout d'un végétal à l'autre. Ils sont formés de cellules placées bout à bout, mortes et réduites à leur membrane, laquelle est lignifiée. Les parois du tube sont épaissies en certains points, et ces sculptures forment des dessins qui font donner aux vaisseaux différents noms : *spiralés, annelés, réticulés, scalariformes*.

Il y a deux sortes de vaisseaux : les *vaisseaux fermés* où la membrane transversale persiste, et les *vaisseaux ouverts* où cette membrane est résorbée. Les premiers sont beaucoup plus nombreux que les seconds.

Les vaisseaux sont donc des cellules mortes; leur contenu n'est autre que les liquides du sol absorbés par les racines.

Les vaisseaux âgés sont remplis de cellules parachymateuses qui ont poussé des prolongements *thylles* à leur intérieur.

CHAPITRE III

LA RACINE

I

MORPHOLOGIE EXTERNE DE LA RACINE

Faisons germer une graine quelconque, un haricot, par exemple, et examinons la jeune racine. C'est un cylindre se continuant avec la tige et se terminant en forme de cône. En partant du sommet, on distingue quatre régions : 1° une sorte de petit chapeau, la coiffe ; 2° une région lisse ; 3° une région couverte de poils et 4°, une région dénudée, se continuant avec la tige au *collet*.

Coiffe. — La coiffe, par son sommet, adhère à celui de la racine ; mais, sur son bord, elle se décolle et s'éloigne de cette dernière. C'est un appareil protecteur pour le sommet tendre de la racine ; s'exfoliant à l'extérieur, elle se régénère par l'intérieur.

La coiffe s'exfolie en désagrégeant ses cellules externes ou en les détachant, plusieurs ensemble, sous forme de calotte. Elle tombe même tout entière chez quelques plantes aquatiques *Azolla*. Les racines de Gui et de la Cuscute n'en possèdent pas.

Poils. — Les poils sont très nombreux au milieu de la racine où ils forment un véritable velours. Ils sont d'autant plus grands qu'on se rapproche de la base de la racine. Ces derniers, d'ailleurs, tombent successivement et sont remplacés par d'autres qui viennent plus près du sommet de la racine. C'est la chute des poils qui produit cette région dénudée que nous avons signalée plus haut ; quant à la région lisse, située entre les poils et la coiffe, elle est destinée à devenir pilifère par l'allongement en poils des cellules qui la composent.

Ces poils sont généralement simples, irréguliers, plus ou moins intimement accolés aux particules solides du sol.

Ramification. Quand la racine a atteint une certaine longueur, on voit naître à la base de petites verrues, qui bientôt éclatent, et laissent échapper chacune une *racine secondaire*. Ces racines de deuxième ordre peuvent à leur tour donner des racines de troisième ordre et ainsi de suite ; toutes forment les *radicelles*.

La racine primaire prend quelquefois le

nom de pivot; si elle conserve une importance marquée, comme grosseur, sur les radicelles auxquelles elle a donné naissance, la *racine* est dite *pivotante* (Carotte, Navet). Si, au contraire, le pivot s'accroît peu, alors que les radicelles grandissent, la racine forme un chevelu, c'est une *racine fasciculée* (Blé).

Concrescence. — Dans certaines plantes, les racines nées côte à côte, se fusionnent et deviennent *fasciées* : c'est le cas des tubercules des *Orchis* et des *Ophrys*.

Dichotomie. — Les racines, nous venons de le voir, se ramifient latéralement. Les Lycopodinées font exception à la règle, en se bifurquant, se dichotomisant au sommet.

Origine de la racine. — La *racine terminale* est déjà formée dans la graine. Plus tard, il peut naître d'autres racines directement de la tige, les unes en des points réguliers (*racines latérales régulières*), les autres en des points quelconques (*racines latérales adventives*). On a un exemple des premières chez les *Calla* et les *Equisetum* ; des secondes, dans le Blé et le Cresson.

Les *racines adventives* naissent chez beaucoup de végétaux : lierre, fraisier, etc. Elles apparaissent aussi lorsqu'on met une portion de la tige en contact avec le sol. Quand le blé a déjà acquis une certaine hauteur, on passe sur lui un rouleau qui couche les jeunes tiges sur le sol : au contact, la tige pousse des racines adventives qui donnent une nouvelle vigueur à la céréale : c'est là ce que cherchent les cultivateurs en *roulant* le blé. Le *buttage* de la garance est une opération analogue.

Si l'on incline un sarment de vigne vers la terre, il se développe des racines adventives, puis une nouvelle tige. En coupant l'ancienne branche, on a un nouveau pied : c'est l'opération du *marcottage*. On peut encore couper une branche de saule et la planter : c'est une *bouture* ; sur les bords de la partie plongée dans le sol, il naît des racines adventives.

La production de racines adventives peut être provoquée en enterrant non seulement des tiges (Saule), mais encore des feuilles (*Begonia*) ou des fruits (*Opuntia*).

Racines suçoirs. — La cuscute, qui cause tant de dommage dans les cultures de luzernes, naît d'une graine qui germe en terre. La cuscute croît, enlace la plante voisine et développe à son contact des racines adventives d'une nature particulière ; elles n'ont pas de coiffe, et en allongeant beaucoup leurs cellules externes, pénètrent à l'intérieur de la plante aux dépens de laquelle, dès lors, se nourrit la cuscute. Des *racines-suçoirs* se ren-

contrent aussi chez le Gui, le Mélampyre,
l'Euphrasie.

Racines tubercules. — Quand les racines
augmentent beaucoup de volume et se remplissent de matières de réserve, on leur
donne le nom de *tubercules* Asphodèle .

Les racines peuvent encore se différencier
en *crampons* Lierre ; dans ce cas, elles ne
servent qu'à fixer la plante sur les murs, les
rochers, les écorces, etc. Mais si l'on vient à
mettre ces racines-crampons en contact avec
le sol, elles se développent et deviennent des
racines ordinaires.

II

MORPHOLOGIE INTERNE DE LA RACINE

Pour étudier la structure d'une racine
jeune, faisons une coupe transversale dans
la région des poils.

Nous voyons tout de suite qu'il y a deux
régions à considérer : un *cylindre central* plus
résistant et une *écorce* plus molle et plus vo-
lumineuse.

Écorce jeune. — L'écorce montre de dehors
en dedans fig. 11 :

1° Une assise de cellules qui presque toutes
se prolongent en poils : c'est l'*assise pilifère*.

2° Une assise de cellules alternant avec les précédentes, allongées suivant le rayon et imprégnant leur membrane de subérine : c'est *l'assise subéreuse.*

3° Puis vient une couche de plusieurs assises

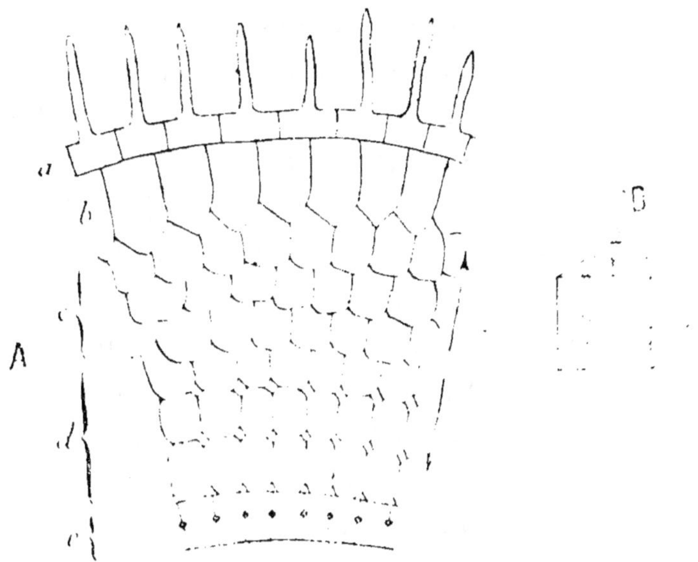

Fig. 11. — Coupe théorique de l'écorce jeune de la racine.

A. *a,* assise pilifère; *b,* assise corticale interne; *c,* assise corticale externe; *d,* assise corticale interne; *e,* endoderme. B, cellule subéreuse du liège formé.

de cellules, intimement unies entre elles, sans méats; elles se forment de l'intérieur à l'extérieur : c'est *l'assise corticale externe.*

4° Une couche de cellules disposées à la fois en séries radiales et tangentielles, à angles arrondis et formant ainsi des méats

quadrangulaires. Son développement est centripète : c'est la *zone corticale interne*.

5° En dedans de cette zone et en formant
la dernière assise, des cellules particulières
plissées sur leurs faces latérales. Ces plisse-
ments se montrent sur la coupe comme un
point placé au milieu des membranes sépa-
ratrices. De face ce sont des plis localisés
suivant une ligne droite : c'est l'*endoderme*.

Cylindre central jeune. Le *cylindre central* débute par une assise de cellules, alternant avec celles de l'endoderme; c'est le
péricycle. En dedans du péricycle, adossées
à lui, on aperçoit des taches de deux sortes,
alternant régulièrement. Chaque tache est la
coupe d'un *faisceau*. Les uns sont formés de
tubes criblés : ce sont les *faisceaux libériens*;
les autres sont constitués par des vaisseaux :
ce sont les *faisceaux ligneux*. Les vaisseaux
les plus gros sont à l'intérieur (fig. 12).

Quant au reste du parenchyme du cylindre
central, on le distingue en *rayons médullaires*
compris entre les faisceaux voisins et en
moelle, placée en dedans de la courbe qui
passe par le côté le plus interne des faisceaux.

Comme on le voit, la structure est symétrique par rapport à un axe. — Péricycle,
rayons médullaires et moelle sont quelque-

fois réunis sous le nom de *conjonctif* de la racine.

La structure que nous venons de décrire est plutôt schématique. Chaque assise peut man-

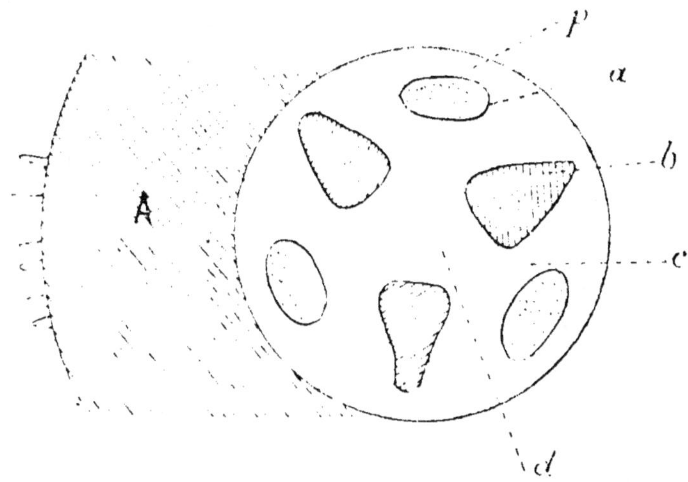

Fig. 12. — Coupe transversale schématique de la racine.
A, portion de l'écorce ; *a*, faisceaux libériens ; *b*, faisceaux ligneux ; *c*, rayon médullaire ; *d*, moelle ; *p*, péricycle.

quer ou prendre un grand développement suivant les cas, se différencier ou non, etc.

Sommet de la racine. — Voyons maintenant ce que deviennent tous ces tissus en se rapprochant de l'extrémité : on les voit tous aboutir à un amas cellulaire indifférent, un méristème, qui lui-même provient de la division d'une cellule ou d'un groupe de cellules. Ces dernières, appelées *initiales*, ne sont jamais situées au sommet même de la racine.

mais un peu en deçà : elles sont *subterminales*. Dans la majorité des cas, les initiales sont au nombre de trois : l'une pour le cylindre central, l'autre pour l'écorce, la troisième enfin pour la coiffe. Il peut aussi y en

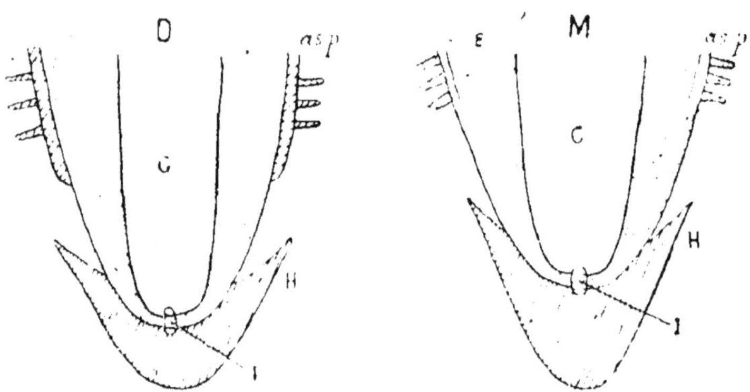

Fig. 13. — Sommet de la racine chez les Dicotylédones D et chez les Monocotylédones M.

I, initiales.
H, coiffe.
C, cylindre central.
E, écorce : **as. p.** assise pilifère.

avoir plusieurs pour chacune de ces parties et même une seule pour tous. De toutes ces modifications, il n'y en a qu'une qui ait de l'importance : chez les Dicotylédones, l'assise pilifère dérive de l'initiale de la coiffe, tandis que chez les Monocotylédones, cette même assise dérive des initiales de l'écorce. Les Cryptogames vasculaires se comportent comme les Monocotylédones (fig. 13).

Naissance des radicelles. — Les radicelles sont toujours endogènes, c'est-à-dire qu'elles doivent percer une partie des tissus mères pour sortir.

Chez les Phanérogames, les radicelles naissent toujours dans le péricycle, dont une ou plusieurs cellules se mettent à proliférer. Quand le nombre des faisceaux ligneux est plus grand que deux, les radicelles naissent en face d'eux; s'il est égal à deux c'est entre les faisceaux libériens et ligneux qu'elles prendront naissance.

Là ou les cellules initiales en se divisant donnent une jeune radicelle qui est obligée de percer, de digérer à la fois toute l'écorce placée au-dessus d'elle y compris l'endoderme. Dans un autre cas plus fréquent, l'endoderme croît en même temps que la radicelle à laquelle elle forme une *poche digestive*; c'est elle qui digère et perce le reste de l'écorce. La radicelle ne perce que plus tard la poche protectrice d'origine endodermique.

Les faisceaux libériens et ligneux des radicelles viennent se raccorder avec les faisceaux de la racine. Dans le cas le plus fréquent où il n'y a que deux faisceaux ligneux, ceux-ci sont, dans les radicelles des Cryptogames vasculaires, situés dans un plan perpendiculaire au faisceau ligneux d'insertion. Ce plan est au contraire le même chez les Phanérogames (fig. 14).

Structure secondaire de la racine. — Ce
que nous avons étudié jusqu'ici, c'est la
structure primaire des racines. Certaines
restent toujours à cet état. Chez d'autres,
certaines cellules recommencent à se cloi-

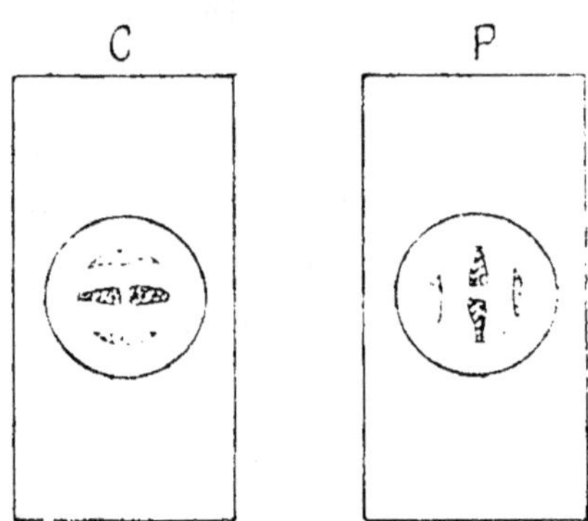

Fig. 14. — Coupe transversale d'une radicelle représentée en
place sur la racine primaire. Les hachures indiquent les
faisceaux ligneux ; les faisceaux libériens sont pointillés.

C, cas des cryptogames.
P, cas des phanérogames.

sonner et les organes s'épaississent : c'est
alors la *structure secondaire*.

Ces épaississements se produisent par l'effet
du cloisonnement de deux assises cellulaires
situées l'une dans l'écorce, l'autre dans le
cylindre central : chacune d'elles prend alors
le nom d'*assise génératrice*. Leur fonctionne-
ment au début est le même : chaque cellule
s'accroît et se segmente en deux, puis en
trois (fig. 15).

De ces trois cellules, l'une est extérieure,

l'autre intérieure et l'autre médiane. Cette dernière seule demeure génératrice, elle forme une nouvelle cellule à l'extérieur, puis une à l'intérieur. On a à ce moment cinq cellules : c'est toujours celle du milieu qui reste génératrice et continue à se segmenter de part et autre.

Par ce mécanisme, l'assise génératrice est bientôt transformée en un anneau de méristème dont les cellules médianes demeurent génératrices pendant un certain temps.

L'anneau de méristème extérieur a un développement centripète : les cellules externes sont plus vieilles que les cellules internes. L'anneau de méristème intérieur a un développement centrifuge : les cellules externes sont plus jeunes que les cellules internes. Cet anneau repousse constamment l'assise génératrice vers l'extérieur.

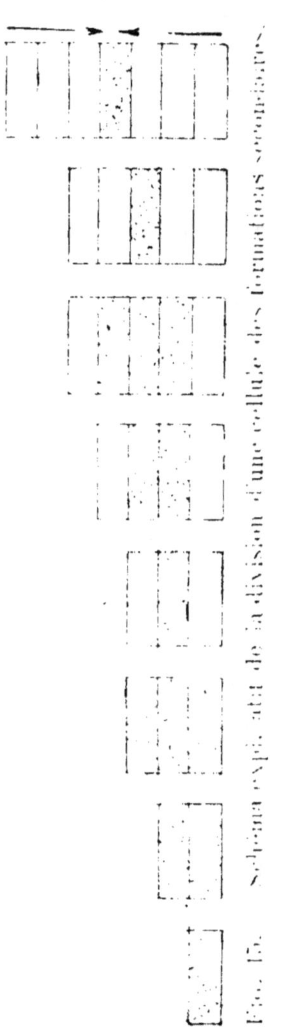

Fig. 15. — Schéma expliquant la division d'une cellule des formations secondaires.

Les cellules du méristème formé par l'assise génératrice se différencient plus tard et de façons fort différentes : pour connaître ces différenciations il est nécessaire d'étudier séparément l'anneau de l'écorce et l'anneau du cylindre central.

Méristème de l'écorce. — Le méristème de l'écorce se produit en des points très divers.

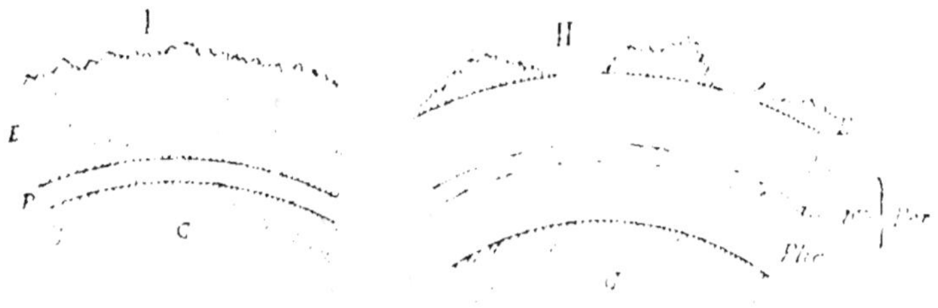

Fig. 16. — I, schéma montrant la place de l'assise génératrice *p*, dans l'écorce E. C est le cylindre central.

II, schéma montrant les tissus donnés par l'assise génératrice *ass. gén.*. E, reste de l'écorce exfoliée. *Lig*, liège. *Phe*, phelloderme. *Per*, périderme. C, cylindre central.

tantôt dans les assises externes, tantôt dans les assises les plus internes. Le plus souvent c'est l'endoderme qui devient générateur; en produisant son anneau de méristème, il fait éclater les tissus placés au-dessus de lui, les fait tomber, les *exfolie* comme on dit. Dans le cas que nous considérons, c'est donc toute l'écorce moins l'endoderme transformé qui est exfoliée (fig. 16).

L'anneau de méristème se transforme ainsi : les cellules externes subérifient leurs

membranes, meurent et se transforment en
liège; les cellules internes prennent les caractères ordinaires du parenchyme cortical et
se remplissent souvent d'amidon : c'est le
phelloderme. Le liège est un tissu protecteur ;
le phelloderme est un tissu à réserves. Liège
et phelloderme réunis portent souvent le
nom de *périderme*.

Méristème du cylindre central. — L'assise des cellules qui produit le méristème du
cylindre central a une position bien définie.
Elle forme une courbe sinueuse qui passe en
dedans des faisceaux libériens et en dehors
des faisceaux ligneux. Le méristème se différencie en dehors en liber (tubes criblés), et
en dedans en bois (vaisseaux) (fig. 17).

L'anneau augmente plus ou moins de
volume et écrase plus ou moins le liber et le
bois primaires, tout en se régularisant et en
devenant arrondi. Ses éléments ne sont pas
tous transformés en tubes criblés et en vaisseaux ; quelques-unes de ses cellules restent
parenchymateuses, et, disposées en files
rayonnantes, constituent des *rayons médullaires secondaires*. Le *bois* et le *liber* ainsi
formés sont dits également *secondaires*.

Il est bien entendu que ce que nous venons
de dire est plutôt schématique. Dans une
plante, l'assise corticale pourra ne donner que

du liège ; dans une autre, le méristème central ne donnera qu'une mince couche de liber et beaucoup de bois ; dans une autre enfin, le même méristème ne donnera pas une couche

Fig. 17. — I. schéma représentant la position de l'assise génératrice dans le cylindre central a. — l. faisceaux libériens ; b. faisceaux ligneux.

II, schéma montrant les tissus donnés par l'assise génératrice a. l. faisceaux libériens primaires.
M. liber secondaire.
N. bois secondaire.
B. faisceaux ligneux primaires.

continue de bois et de liber, mais de nouveaux faisceaux secondaires. Il serait trop long et peu intéressant d'examiner toutes ces variations.

Quoi qu'il en soit, au bout d'un certain temps, l'assise génératrice se réveille de nouveau et donne des formations tertiaires, etc.

La structure secondaire de la racine est très analogue à celle de la tige, comme nous le verrons plus loin.

CHAPITRE IV

LA TIGE

I

MORPHOLOGIE EXTERNE DE LA TIGE

Une tige jeune montre presque toujours une forme cylindrique portant des feuilles et se terminant en haut par une surface obtuse recouverte par de jeunes feuilles. La surface suivant laquelle la tige se réunit à la racine est le *collet*. La place passant par le point d'insertion d'une feuille est un *nœud*. Les espaces qui séparent les nœuds sont des *entre-nœuds*. Les jeunes feuilles qui recouvrent le sommet de la tige et qui s'épanouissent successivement constituent le *bourgeon terminal*. Le sommet est absolument lisse et ne présente pas trace de coiffe.

La tige n'est pas toujours cylindrique ; elle peut être triangulaire (Carex), quadrangulaire (Sauge), ou à côtes multiples (Cereus).

Si les côtes sont très accentuées et membraneuses, la tige est *ailée Lathyrus*.

Si la consistance de la tige est molle, la plante est dite *herbacée Renoncule* ; si elle est dure, la plante est *ligneuse*. Une plante ligneuse peut être un *arbre* ou un *arbuste*, mots qui n'ont pas une définition précise, mais que tout le monde connaît : un chêne est un arbre et un noisetier un arbuste. Il y a des plantes qui sont ligneuses à la base, herbacées au sommet *tiges sous-frutescentes*.

Ramification. — Dans le cas le plus général, à la base des feuilles, naissent des *bourgeons axillaires* qui grandissent et donnent des tiges secondaires. C'est ainsi que se ramifie la tige. Les tiges secondaires donnent à leur tour des tiges tertiaires, etc. Toutes ces ramifications sont des *branches*; les dernières nées sont les *rameaux*.

Il peut arriver, comme dans le Tilleul, que le bourgeon terminal de la tige avorte : dans ce cas, la branche la plus voisine de ce dernier prend un grand développement et finit par se mettre dans le prolongement de la première tige : c'est un *sympode*. Chez le Lilas, il se produit aussi un sympode, mais double, car il y a deux bourgeons axillaires également distants du bourgeon terminal avorté : dans ce cas, la branche semble se bifurquer, se dichotomiser, mais ce n'est qu'une apparence. Les vraies dichotomies des tiges sont très rares : on ne les rencontre guère que chez les Lycopodes.

Tiges adventives. — Toutes les tiges secondaires, tertiaires, etc., ne proviennent pas d'un bourgeon axillaire; il peut en naître en des points quelconques sur les autres tiges (Symphoricarpos), les racines (1) (*Ophioglossum*), les feuilles (*Aspidium*) : ce sont des *tiges adventives*. On facilite la production de ces tiges dans la culture en coupant les tiges déjà formées, en *émondant* l'arbre. En coupant en même temps toutes les branches d'un saule, on a l'année suivante des branches de même âge et par suite de même longueur et de même aspect : c'est ainsi que l'on obtient des *saules en têtards*. En enterrant une feuille de *Begonia*, une racine de *Paulownia*, une tige de saule, on a bientôt des tiges adventives et de nouveaux pieds.

Dans la nature, on voit le tronc des Bouleaux, Charmes, etc., à la suite de la piqûre d'un insecte, émettre de nombreuses branches adventives réunies en un petit faisceau et connues sous les noms de *balai de sorcière*

1. Bourgeons.

et de *buisson de tonnerre*. Les *Roses de saule* ont la même origine.

Stolons. — Dans certaines plantes, le Fraisier, par exemple, les tiges restent courtes, sauf une ou plusieurs d'entre elles qui prennent un grand développement, rampent à la surface du sol où elles finissent par s'enraciner et par redonner de nouveaux pieds, ce sont des tiges *rampantes*; dans le langage courant, on les appelle des *stolons* ou des *coulants*.

Vrilles. — Les plantes grimpantes se soutiennent souvent avec des *vrilles* provenant de la différenciation partielle *Helinus* ou totale *Strychnos* de branches. Cette origine tigellaire des vrilles se voit bien dans la Vigne et la Vigne-vierge, où elles portent des feuilles rudimentaires.

Certaines vrilles Vigne-vierge ont la propriété de se coller au support par leur extrémité épaissie et de se contracter ensuite.

Epines. — Les tiges peuvent se différencier en *épines*, c'est-à-dire en corps durs terminés en pointe. Exemples : Prunellier, Aubépine.

Tubercules. — Si la tige se renfle, en totalité ou en partie, de manière à prendre un volume énorme comparativement aux parties voisines, on a affaire à un *tubercule*, lequel

est un magasin de réserve. Citons les principaux exemples.

Dans la *Pomme de terre*, les tubercules sont
produits par le renflement partiel de tiges
souterraines.

Dans la *Carotte*, la base de la tige se renfle
et cet épaississement se continue avec le renflement analogue de la racine pour produire
le légume qui sert à notre alimentation. La
Carotte, la Betterave, le Radis, sont à la fois
des tiges et des racines.

Chez les *Cactées*, c'est toute la tige aérienne
qui se tuberculise.

Chez la *Saxifraga granulata* et le *Dioscorea
bulbifera*, ce sont des bourgeons qui se tuber-
culisent, souterrains dans le premier cas,
aériens dans le second.

Tiges dressées. — La plupart des tiges
s'élèvent verticalement vers le ciel : ce sont
les tiges dressées. Quand elles sont ligneuses,
la base porte le nom de *tronc*, tandis que le
reste de l'arbre est la *cime*.

Chez les Palmiers, le tronc s'élève verticalement en augmentant d'épaisseur de la base
au sommet : à la surface, on ne voit pas
d'écorce, mais simplement la cicatrice des
feuilles mortes. De telles tiges sont des
stipes.

Chez les Graminées, les tiges, sauf aux

nœuds, sont creuses, *fistuleuses* : on les appelle des *chaumes*.

Tiges volubiles. — Les tiges qui s'enroulent en spirale autour d'un support, dans le but de se soutenir, sont dites *volubiles*.

La plupart des tiges volubiles s'enroulent à droite 1 : Liseron, Volubilis, Aristoloche. Quelques-unes seulement s'enroulent à gauche : Houblon, Chèvrefeuille.

En général, le sens de l'enroulement est constant pour une même espèce. Mais il y a des exceptions. Ainsi, la Douce-amère s'enroule tantôt à droite, tantôt à gauche.

Les tiges volubiles ne s'enroulent qu'autour des supports suffisamment minces. Si le tuteur est trop gros, la tige glisse à sa surface et s'enroule librement dans l'air.

Rhizomes. — Les rhizomes sont des tiges souterraines. Disposés horizontalement, ils grandissent et se ramifient en se couvrant de racines adventives. De place en place, ils produisent des tiges qui sortent du sol, et donnent une nouvelle plante. Par leur extrémité ancienne, ils se détruisent constamment mais se régénèrent sans cesse par leur extrémité jeune : ils progressent ainsi dans le sol.

1. C'est-à-dire de gauche à droite en regardant le support de face.

Dans le Chiendent, la Moschatelline, le rhizome ne sort jamais de terre; ce rôle est dévolu aux bourgeons latéraux. Chez le Sceau-de-Salomon, le sommet du rhizome sort du sol et donne une plante feuillée; c'est alors un bourgeon latéral qui se développe et contourne le rhizome. Les tiges aériennes, en périssant, laissent une cicatrice sur ce dernier, tous les ans.

II

MORPHOLOGIE INTERNE DE LA TIGE

Structure primaire. — Pour connaître la structure primaire de la tige, faisons une coupe à une faible distance du sommet, mais non au sommet même. Nous y verrons, à l'extérieur, un *épiderme*, puis une *écorce* et enfin un *cylindre central* fig. 18.

L'épiderme présente les caractères que nous lui avons assignés précédemment voir page 63. De place en place, il montre des stomates, alignés dans le sens de la longueur et des poils.

Dans l'écorce, on ne distingue pas des zones multiples, comme dans celle de la tige. C'est un parenchyme à parois minces, dont les cellules, souvent remplies de grains de chlorophylle, ne laissent entre elles que de petits méats. L'assise la plus interne, qui porte le nom d'endoderme, présente les plis-

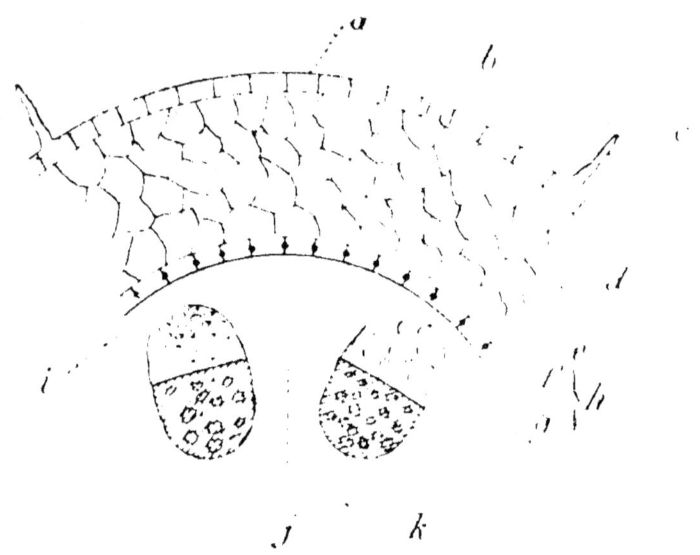

Fig. 18. — Schéma de la structure primaire de la tige.

a, épiderme; b, stomate; [illegible] endoderme; [illegible] faisceau [illegible]; [illegible] faisceau libéro-ligneux; [illegible] péricycle; j, rayon médullaire; k, moelle.

sements habituels et renferme souvent beaucoup de grains d'amidon.

L'assise la plus externe du cylindre est le *péricycle*; ses cellules alternent avec celles de l'endoderme. En dedans de lui, on rencontre des *faisceaux*, séparés par des *rayons médullaires* et tout au centre une *moelle*. Cette disposition est la même que celle de la racine; les faisceaux seuls diffèrent. Ceux-ci.

en effet, sont composés chacun, à la fois de liber et de bois : ce sont des *faisceaux libéro-ligneux*.

Le liber est en dehors et le bois en dedans. Les *tubes criblés* les plus extérieurs sont les plus larges. Le liber a un développement centripète.

Le bois est formé, du côté le plus interne, par des *vaisseaux* très étroits, toujours fermés et annelés, spiralés ou réticulés, et du côté externe, par des vaisseaux rayés, scalariformes, réticulés et ponctués. Le bois a un développement centrifuge.

Les éléments du bois et du liber sont noyés au milieu de *cellules parenchymateuses*; les plus intéressants de celles-ci à signaler sont celles qui séparent le bois et le liber: nous verrons leur rôle quand nous parlerons des formations secondaires.

Les faisceaux courent tout le long de la tige, depuis la base jusqu'au sommet, et de place en place, pénètrent dans les feuilles ou y envoient des ramifications.

Quelquefois, l'extrémité du faisceau s'incurve en dehors, traverse l'écorce horizontalement, et entre dans la feuille au nœud même où elle a produit sa branche latérale. Le plus souvent, au contraire, elle poursuit sa course ascendante, demeure tout d'abord dans le cylindre, à côté de la branche qu'elle a produite, et c'est seulement après un parcours d'un ou de plusieurs entre-nœuds qu'elle s'incurve en dehors pour entrer dans une feuille; le nombre des entre-nœuds ainsi traversés varie d'une plante à l'autre et dans une même tige, suivant la région considérée, mais demeure constant dans une même région. Dans le premier cas, la tige ne renferme dans son cylindre central qu'une seule sorte de faisceaux, tous sympodiques, qui lui appartiennent en propre, qui sont *caulinaires*. Dans le second, elle contient dans son cylindre central, interposés aux précédents, un certain nombre de faisceaux directement destinés aux feuilles, et qui s'y rendent plus ou moins tard sans se ramifier désormais dans le cylindre central, qui sont déjà *foliaires*. Les faisceaux caulinaires qui, en se ramifiant en sympode, semblent séparer les foliaires à mesure qu'ils sortent du cylindre, sont dits aussi *réparateurs*; vers le sommet, soit que la tige continue ou qu'elle ait épuisé sa croissance terminale, ils envoient toutes leurs extrémités dans les dernières feuilles.

Van Tieghem.

Remarquons que les faisceaux peuvent cheminer un instant dans l'écorce avant de pénétrer dans les feuilles : c'est ce qui explique que sur une coupe on rencontre quelquefois des faisceaux dans l'écorce.

Une modification fréquente à signaler dans l'écorce, est celle où ses cellules se modifient et se transforment en collenchyme ou en sclérenchyme. L'ensemble de ces tissus de soutien est quelquefois désigné sous le nom de *stéréome*. Le stéréome est souvent composé de baguettes adossées au faisceau, baguettes composées de fibres, de sclérenchyme, de collenchyme, de cellules ponctuées, etc.

L'écorce des plantes aquatiques est creusée de larges méats remplis de gaz.

D'une manière générale, la tige des Dicotylédones ne renferme qu'un cercle de faisceaux, tandis que celle des Monocotylédones en possède plusieurs concentriques (fig. 19). Mais cette règle n'est pas absolue; il y a des exceptions. Ainsi, il y a plusieurs cercles de faisceaux chez le Pavot (Dicotylédones), un seul cercle chez le *Dioscorea* (Monocotylédones).

Chez les Mousses, la tige est formée simplement à l'extérieur d'un épiderme; à l'intérieur, d'un amas parenchymateux, dépourvu de faisceaux, et où l'on ne distingue que difficilement des zones concentriques.

Sommet de la tige. — À mesure qu'on se

rapproche du sommet de la tige, on voit les cellules de l'épiderme, de l'écorce et du cylindre central, revêtir peu à peu les mêmes caractères, et se rassembler dans un tissu homogène où l'on ne peut plus distinguer aucune division, et où les cellules, en voie

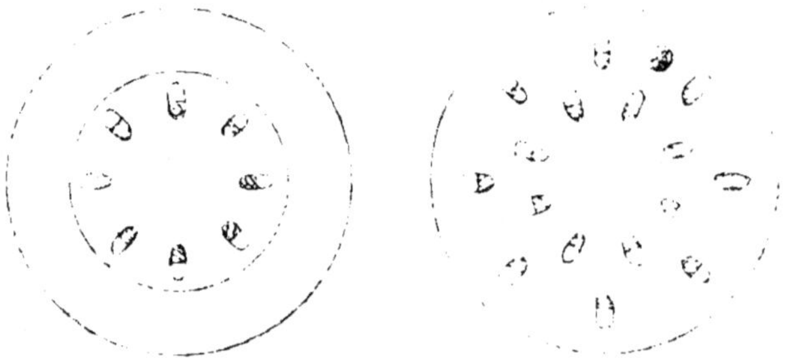

Fig. 16. — Coupes schématiques d'une tige de Dicotylédone (D), et de Monocotylédone (M).

de division, sont intimement accolées les unes aux autres.

Ce méristème tire son origine d'une cellule ou d'un groupe de cellules placées tout à fait au sommet de la tige.

Ici donc, la croissance est terminale, tandis qu'elle est subterminale dans la racine. Les initiales peuvent être au nombre de une, de deux, de trois ou de plusieurs : aucune règle ne fixe la destinée ultérieure qui est dévolue à leurs cellules-filles. C'est ainsi que, dans le cas de deux initiales, la première donne tantôt l'épiderme seul, tantôt l'épiderme et l'écorce. Dans le cas le plus fréquent, il y a trois initiales : une pour l'épiderme, une pour l'écorce, une pour le cylindre central.

Naissance des branches. — La naissance des branches s'opère par la transformation en initiales de cellules périphériques. Généralement, le nombre de ces cellules est, dans une même plante, le même que celui des initiales du sommet de la tige.

Dans le cas le plus fréquent, il y a une cellule épidermique et deux cellules corticales; elles se mettent à proliférer et à produire l'une l'épiderme, qui se continue avec celui de la tige, les deux autres l'écorce et le cylindre central de la branche.

Des cellules de l'écorce-mère se différencient aussi en faisceaux pour effectuer le raccordement entre les faisceaux de la tige et ceux de la branche.

On voit que la naissance des branches est exogène; elles n'ont pas, comme les radicelles, de tissus à percer pour paraître au dehors.

Passage de la tige à la racine. — Nous connaissons maintenant la structure de la tige et de la racine. Il nous faut voir maintenant comment ces deux parties se raccordent. Deux cas peuvent se présenter.

Dans le premier cas, la jeune racine dans

la graine se continue avec la tige directement. Le cylindre central de la racine se continue bien entendu avec le cylindre central de la tige. De même pour l'écorce. Quant à l'épiderme, à l'endroit où il devient radiculaire, il se divise en deux assises, l'une, externe, qui se continue avec la coiffe et est exfoliée avec elle, l'autre, interne, qui forme l'assise pilifère.

Dans le second cas, le moins fréquent, la jeune racine naît à l'intérieur de la tige et perce l'épiderme de celle-ci pour sortir au dehors.

Le raccordement de l'écorce et du cylindre central ne présente rien de particulier, sauf en ce qui concerne les faisceaux. Ceux-ci sont, nous le rappelons, alternativement libériens et ligneux dans la racine, libéro-ligneux dans la tige. Trois cas peuvent en résulter : nous en donnons la description d'après Van Tieghem.

1° Les faisceaux libériens de la racine s'élèvent en ligne droite dans la tige. Les faisceaux ligneux, arrivés près du collet, multiplient leurs vaisseaux et se dédoublent suivant le rayon ; les deux moitiés se séparent et, s'inclinant à droite et à gauche, vont s'unir deux par deux en dedans des faisceaux libériens alternes, de manière à former le bois des faisceaux libéro-ligneux. En se déplaçant ainsi, chaque moitié du faisceau ligneux tourne sur elle-même, se tord de 180 degrés, de façon à diriger en dedans la pointe qu'elle présentait en dehors : il en résulte que le bois du faisceau libéro-ligneux est centrifuge, tandis que le faisceau ligneux était centripète. Pendant ce temps, on a franchi la limite et l'on est désormais dans la tige. La tige a, dans ce cas, tout autant de faisceaux doubles que la racine avait de faisceaux libériens, et ces faisceaux sont séparés de larges rayons médullaires, qui correspondent chacun à deux des étroits rayons médullaires de la racine et au faisceau ligneux qui les séparait (Fumeterre, Belle-de-nuit, Cardère, etc.).

2° Les faisceaux libériens se dédoublent latéralement comme des faisceaux ligneux, et leurs deux moitiés vont, pour ainsi dire, au-devant des deux moitiés ligneuses, pour former avec elles deux fois autant de faisceaux libéro-ligneux, séparés par des rayons médullaires plus étroits (Capucine, Érable, Haricot, Courge, etc.).

3° Quelquefois enfin, les faisceaux ligneux restent en place en se tordant de 180 degrés et ce sont les faisceaux libériens dédoublés qui font tout le chemin pour venir s'unir, en dehors de chacun d'eux, en autant de faisceaux libéro-ligneux, séparés par de larges rayons qui correspondent chacun à deux des étroits rayons de la racine et au faisceau libérien qui les sépare Luzerne, Vesce, Lentille, Dattier, etc. .

Naissance des racines adventives. — Les racines adventives qui viennent à pousser dans la tige naissent dans le *péricycle*. Là, une ou plusieurs cellules se segmentent et donnent l'écorce et le cylindre central de la racine.

En même temps quelques cellules de l'écorce de la tige se multiplient et forment une coiffe à la jeune racine, laquelle, pour sortir, est obligée de percer le reste de l'écorce et l'épiderme.

Les racines adventives sont donc endogènes comme les radicelles nées normalement sur la racine. Les faisceaux de la racine adventive se raccordent à ceux de la tige, soit directement, soit par l'intermédiaire d'une plage de faisceaux, anastomosés en un *réseau* dit *radicifère* et constitués aux dépens du péricycle.

Structure secondaire de la tige. — Ce que nous avons dit des formations secondaires de la racine nous permettra d'être bref pour ce qui concerne les mêmes phénomènes se produisant dans la tige fig. 20 .

Ici encore il y a deux assises génératrices et deux anneaux méristémateurs.

L'anneau externe, donne du *périderme*, c'est-à-dire du *liège* en dehors et du *phelloderme* en dedans : il naît dans l'écorce à des profondeurs diverses.

L'anneau interne donne du *bois* en dedans

Fig. 20. — I. Schéma montrant l'emplacement de l'assise génératrice *a* dans le cylindre central.

b, bois primaire ; *L*, liber primaire.

II. Schéma de la structure du cylindre central après que l'assise génératrice P a fonctionné.

L, liber primaire ; M, liber secondaire ; N, bois secondaire ; *b*, bois primaire.

et du *liber* en dehors : il est situé entre le liber et le bois primaire des faisceaux libéroligneux.

Les cellules du liège sont disposées en files transversales et radiales. Si ces membranes demeurent minces, le *liège* est *mou*, si elles sont épaissies et pourvues de ponctuation, le *liège* est *dur*. Les cellules meurent et sont imperméables; ce sont elles qui forment le liège du chêne-liège.

Les cellules du phelloderme sont disposées aussi régulièrement; elles renferment de la chlorophylle, de l'amidon ou d'autres matières.

Fig. 21. — Schéma d'une lenticelle. l liège; a assise génératrice; p phelloderme; C couche corticale.

Le tronc de l'arbre entouré de sa cuirasse de liège ne pourrait absorber les gaz nécessaires à sa nutrition, s'il n'était pourvu de corps spéciaux, des *lenticelles*, ainsi nommés à cause de leur forme. Au point où doit se former une lenticelle, on voit l'assise génératrice corticale se segmenter plus qu'à des points voisins et former ainsi une sorte de lentille proéminente dont les cellules s'arrondissent, se dissocient et laissent entre elles de nombreux méats. De cette façon l'air extérieur peut pénétrer jusqu'aux tissus placés en dessous du liège (fig. 21). Il peut se former des lenticelles analogues sur les racines

Comme nous l'avons dit, le méristème se produit dans le cylindre central suivant un anneau qui coupe les faisceaux en deux. L'anneau se différencie en bois en dedans et en liber en dehors. Le reste des anciens faisceaux est bientôt écrasé et disparaît plus ou moins. L'anneau est continu ou formé de faisceaux avec des *rayons médullaires secondaires*. Remarquons qu'à ce moment le cylindre central de la tige est devenu très analogue à celui de la racine. Notons aussi que le liber est souvent formé d'assises unies intimement sur les côtés, mais faiblement en dedans et en dehors; le liber par suite se sépare assez facilement en feuillets superposés, analogues à des pages d'un livre: c'est de là que lui vient son nom assez singulier de *liber*.

Les années suivantes, les assises génératrices se réveillent et redonnent du périderme ainsi que du bois et du liber. De même les années suivantes. L'épaississement de l'écorce est peu marqué, car chaque fois elle exfolie tout ou partie de l'écorce de l'année précédente. Le liber est aussi en partie écrasé entre l'écorce et le bois; c'est à ce dernier surtout qu'est dévolu le rôle d'épaissir la tige.

Sur la section transversale, ces couches

ligneuses annuelles se distinguent nettement
de sorte que, pour estimer l'âge d'une tige,
il suffit de compter le nombre des couches
concentriques de son bois secondaire. Cette
distinction nette des couches provient de
ce que chacune d'elles est constituée d'une
manière différente sur son bord interne,
formé au printemps, et sur son bord externe,
formé à l'automne. Au printemps, où la tran-
spiration est très active à la surface des
feuilles fraîchement épanouies, les vaisseaux
qui sont, comme on sait, les tubes conduc-
teurs de l'eau, sont plus nombreux, plus
larges et à paroi plus mince, tandis que le
sclérenchyme est peu développé : le bois est
lâche et mou. A l'automne, où la consomma-
tion d'eau est très amoindrie et où la tige a à
supporter la charge des rameaux et des
feuilles développés dans la dernière période
végétative, les vaisseaux sont plus rares, plus
étroits et à parois plus épaisses, tandis que
le sclérenchyme est prédominant : le bois est
serré et dur. Quand le bois secondaire est
composé uniquement de vaisseaux sans sclérenchyme, comme dans les Conifères, la différence, pour ne porter que sur la largeur
des calibres et l'épaisseur des parois, n'en
demeure pas moins très nette; dans le Pin
sylvestre, par exemple, les vaisseaux d'au-

tome n'ont que le quart du diamètre radial
des vaisseaux de printemps, avec une membrane deux fois plus épaisse. C'est le brus-
que contraste entre le bois le plus dur d'une
année et le bois le plus mou de l'année suivante, qui rend si frappante la démarcation
des deux couches successives. » Van Tieghem.

Quelquefois le bois tout entier peut se diviser en deux zones, l'*aubier*, extérieur, où il
est mou et jeune, et le *cœur*, intérieur, où il
est dur et vieux. Ce dernier meurt bien entendu le premier; c'est pour cela que les
vieux arbres sont creux.

Le bois n'est pas formé exclusivement de
vaisseaux; ceux-ci sont séparés les uns des
autres par des *fibres ligneuses* très abon-
dantes.

L'assise génératrice dans l'écorce ne se
confond pas toujours avec l'assise génératrice
de l'année précédente. Elle peut se former
aux dépens de cellules parenchymateuses du
périderme. Dans ce cas, elle n'est pas forcément *annulaire*; elle peut former des séries
d'arcs concaves en dehors. Tous les tissus
qu'elle exfolie sont réunis sous le nom de
rhytidome. Si l'assise génératrice forme un
cercle, le rhytidome est *annulaire*; il éclate
en plusieurs morceaux; c'est lui qui produit

l'écorce crevassée des arbres. Si l'assise génératrice forme des arcs, le rhytidome est *écailleux* ; il se détache en petites plaques comme on le voit bien dans le Platane.

Les formations secondaires sont fréquentes chez les Dicotylédones, rares chez les Monocotylédones.

Comparaison de la tige et de la racine.

Maintenant que nous connaissons la morphologie interne et la morphologie externe de la tige et de la racine, nous devons comparer à ce double point de vue les caractères de ces deux membres de la plante. Voici, résumés dans un tableau, d'après M. G. Bonnier, ces caractères distinctifs, auxquels nous en ajoutons un, le plus important, qui est d'ordre physiologique et ne devrait logiquement venir que dans le deuxième volume de notre *Botanique*, celui relatif au geotropisme.

RACINE	TIGE
Extérieur.	*Extérieur.*
Coiffe.	Bourgeon terminal.
Poils absorbants.	Poils non absorbants.
Radicelles (origine endogène).	Branches (origine exogène).
Accroissement subterminal.	Accroissement terminal.
Géotropisme positif.	Géotropisme négatif.
Jamais de feuilles.	Feuilles.
Pas de stomates.	Stomates.
Pas d'écailles.	Écailles.
Pas de bourgeons.	Bourgeons.
Écorce.	*Écorce.*
Assise pilifère (poils absorbants).	Épiderme à cuticule.
Assise subéreuse.	Pas d'assise subéreuse.
Tissu cortical externe irrégulier.	Tissu cortical à chlorophylle.
Tissu cortical interne régulier.	Tissu cortical sans chlorophylle.
Endoderme plissé.	Endoderme plissé ou non.
Cylindre central.	*Cylindre central.*
Bois et liber alternant.	Faisceaux libéro-ligneux.
Vaisseaux se touchant.	Vaisseaux ne se touchant pas.
Gros vaisseaux au centre.	Gros vaisseaux à la périphérie.
Quelquefois moelle.	Toujours moelle.
Assise génératrice sinueuse.	Assise génératrice en cercle régulier.

CHAPITRE V

LA FEUILLE

I

MORPHOLOGIE EXTERNE DE LA FEUILLE

Les feuilles sont des organes aplatis, de couleur généralement verte, portées par la tige. Tandis que la tige et la racine sont symétriques par rapport à un axe, la feuille est symétrique par rapport à un plan.

Une feuille complète comprend trois parties (fig. 22) :

1° Une *gaine*, partie élargie qui s'unit à l'un des nœuds de la tige.

2° Un *pétiole*.

3° Un *limbe*.

Mais ces trois parties ne coexistent pas forcément. Lorsque la gaine et le pétiole manquent, le limbe s'insère directement sur la tige : la *feuille* est dite *sessile* (Lis). Le pétiole peut manquer ; ce cas se rencontre chez les graminées où les feuilles sont *engaînantes*.

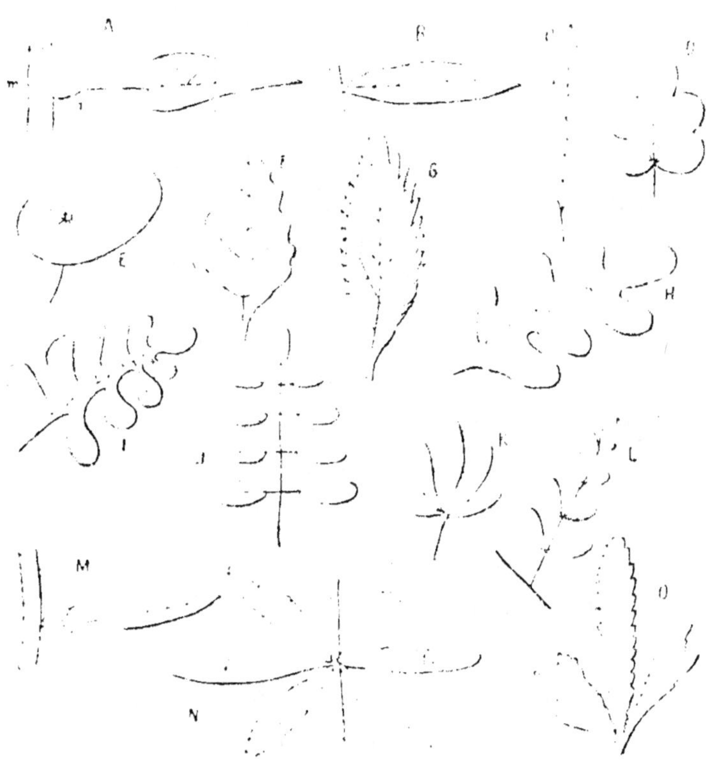

Fig. 22.

A. Schéma d'une feuille: *m.* tige, *g.* gaine, *p.* pétiole, *l.* limbe.
B. Feuille sessile.
C. Nervation pennée.
D. Nervation peltée
E. Nervation peltée.
F. Feuille crénelée.
G. Feuille dentée.
H. Feuille lobée.
I. Limbe partit.
J. Feuille composée pennée.
K. Feuille composée palmée.
L. Feuille composée sans impaire.
M. Schéma d'une feuille munie de stipules.
O. Feuille garnie de grandes stipules.
N. Feuilles opposées de Galium f_1 et f_2 munies chacune de deux stipules s_1 et s_2.

Gaine. — La gaine est rarement bien développée; quelquefois cependant ses dimensions sont volumineuses (Angélique, Rhubarbe).

Pétiole. — Le pétiole ressemble un peu à la tige, mais il s'en distingue en ce qu'il est toujours un peu aplati de haut en bas et que, souvent même, il présente une gouttière sur la face supérieure. Le pétiole peut aussi être aplati latéralement, comme cela se voit dans les peupliers et les trembles, dont les feuilles, à cause de cette disposition, s'agitent au moindre vent. Dans des cas assez rares, le pétiole subsiste seul; la gaine et le limbe avortent. Ainsi chez l'*Acacia heterophylla*, certaines des feuilles forment de larges lames aplaties sans limbe. Ces pétioles transformés sont appelés des *phyllodes*. On distingue ces productions en examinant la direction du plan d'aplatissement qui passe par la tige dans le cas des phyllodes et lui est perpendiculaire dans le cas des limbes.

Limbe. — Le limbe montre un réseau anastomosé de *nervures*, dont les plus grosses font saillie à la partie inférieure. Dans les mailles de ces nervures, il y a le *parenchyme*. Pour isoler le réseau des nervures, on fait macérer les feuilles dans de l'eau; le *Bacillus amylobacter* fait disparaître le parenchyme et ne touche pas aux nervures dont les membranes cellulaires sont lignifiées. On peut aussi se contenter de battre avec une brosse dure, une feuille desséchée : le parenchyme plus friable s'enlève petit à petit.

Nervation. — La manière dont les nervures sont disposées s'appelle la *nervation*. D'une façon générale, on peut dire que les nervures sont parallèles entre elles chez les *Monocotylédones* et anastomosées chez les *Dicotylédones*. Aux divers types de nervation, on donne des noms utiles surtout dans la description des espèces.

Nervation uninerve. — Une seule nervure médiane (Pin).

N. pennée. — Nervures secondaires insérées sur la nervure primaire comme les barbes d'une plume (Hêtre).

N. palminerve. — Nervures divergentes comme les doigts de la main (Lierre).

N. peltée. — Nervures rayonnant tout autour du point d'insertion du pétiole, attaché en un point excentrique du limbe (Capucine).

N. parallèle. — Nervures parallèles (Blé).

Ramification. — Les bords de la feuille sont souvent réguliers : la feuille est alors *entière*. D'autres fois, ils présentent des crans qui portent le nom de *dents* quand ils sont peu profonds et aigus, de *crénelures* quand

ils sont peu profonds et arrondis, de *lobés*
s'ils sont plus profonds. Dans ces différents
cas, les feuilles sont dites *dentées* Hêtre,
crénelées Lierre terrestre ou *lobées* Chêne.
Si ces entailles vont au voisinage de la nervure médiane, le limbe est *partit*; si elles
vont jusqu'à la nervure médiane, le limbe est
séqué Cresson.

Dans tous les cas, la disposition des crans
suit celle des nervures. On donne aux feuilles
un seul nom qui, en même temps, donne la
nature des nervures et du bord : *palminderve*,
penninervée, *palmiséquée*, *penninervée*, etc.

Si c'est le pétiole qui se ramifie au lieu du
limbe, la feuille est *composée* au lieu d'être
simple. Chaque limbe est alors une *foliole*.
Suivant la manière dont s'opère cette ramifi
cation, on distingue les feuilles composées
pennées Robinia, *palmées* Marronnier,
peltées Sterculia. Quand la feuille composée
pennée ne se termine pas par une foliole, on
la dit *composée sans impaire* Pois.

Les ramifications que nous venons d'exa
miner s'effectuent dans le plan même de la
feuille. Elles peuvent aussi s'effectuer perpen
diculairement : c'est le cas des épines du
Houx-Hérisson, des papilles du *Brusca*, de
la *ligule* des Graminées.

Stipules. — Le pétiole se ramifie quelqufois et produit à sa base deux petites expansions, les *stipules* plus ou moins soudées à lui. Ordinairement petites Rosier, elles peuvent prendre de grandes dimensions et devenir presque aussi volumineuses que la feuille elle-même *Pensée*. Chez le *Galium*, les feuilles opposées produisent chacune deux stipules aussi grandes qu'elles-mêmes : les feuilles semblent alors insérées six au même point. Chez le *Lathyrus aphaca*, la feuille est transformée en une petite vrille, tandis que les stipules prennent un grand développement et ressemblent à de véritables feuilles à nervures parallèles.

Naissance et mort. — Les feuilles naissent au sommet de la tige par un petit mamelon qui ne tarde pas à s'aplatir. Les jeunes feuilles par leur réunion constituent les bourgeons.

Les feuilles qui demeurent sur la plante pendant toute sa vie, sont *persistantes* Pin. Celles qui meurent tous les ans sont *caduques* Peuplier ; alors elles tombent tout entières Peuplier, se dessèchent un peu Chêne ou ne laissent subsister que la base desséchée du pétiole Palmier.

Phyllotaxie. — L'étude de la disposition des feuilles sur la tige est la *phyllotaxie*

Les feuilles ne sont pas en effet disposées au hasard sur la tige. La manière dont elles sont placées est constante pour une même plante.

Deux cas peuvent se présenter. Dans l'un, deux ou plusieurs feuilles sont insérées au même point. Si elles sont seulement au nombre de deux, on les dit *opposées*. Si elles sont en nombre plus grand que deux, elles sont *verticillées*.

Opposées ou verticillées, elles alternent d'un nœud au suivant de manière à ne jamais être superposées.

Dans un autre cas, les feuilles sont *isolées* sur la tige. L'angle dièdre des plans qui passe par la base d'implantation successive est *l'angle de divergence* des feuilles. Pour exprimer la position des feuilles sur la tige, on est convenu d'écrire une fraction :

$$\frac{p}{n}$$

dont le dénominateur indique le nombre de feuilles successives pour revenir en un point situé immédiatement de la première. Le numérateur est le nombre de circonférences que l'on a ainsi parcourues.

Dans un cas fréquent, $p = 1$ et $n = 2$. C'est dire que les feuilles sont disposées alternativement à droite et à gauche ; la disposition est *distique*.

Si $p = 1$ et $n = 3$, la disposition est *tri-stique*.

Si $p = 2$ et $n = 5$, la disposition est *quin-conciale*.

On peut encore avoir :

$$n = 3 \text{ et } p = 8,$$

ou

$$n = 5 \text{ et } p = 13.$$

Ces divers cas sont résumés dans cette série de fractions :

$$\frac{1}{2} \quad \frac{1}{3} \quad \frac{2}{5} \quad \frac{3}{8} \quad \frac{5}{13} \quad \frac{8}{21},$$

où à partir de la troisième, chaque numérateur est la somme des deux numérateurs précédents. De même pour le dénominateur. Cette série est la plus commune; c'est pour cela qu'on la dit *normale*. Cette autre série est également fréquente :

$$\frac{1}{3} \quad \frac{1}{2} \quad \frac{2}{5} \quad \frac{3}{7} \quad \frac{5}{12} \quad \frac{8}{19},$$

ainsi que celle-ci :

$$\frac{1}{3} \quad \frac{1}{4} \quad \frac{2}{7} \quad \frac{3}{11} \quad \frac{5}{18}.$$

D'ailleurs, dans une même plante, la disposition phyllotaxique peut être de $\frac{3}{8}$ en bas, de $\frac{2}{5}$ plus haut, et de $\frac{1}{3}$ au sommet.

Ces dispositions ne sont pas toujours faciles à voir, car la tige se tord souvent sur elle-même, ce qui altère en apparence la disposition des feuilles.

Pour expliquer plus facilement la phyllotaxie, on a recours à deux procédés graphiques.

Dans l'un on suppose la tige cylindrique, fendue suivant une de ses génératrices et étalée sur un plan. Les points d'insertion sont alors disposés suivant des lignes droites placées obliquement.

Dans un autre cas, on suppose la tige conique et l'on projette les accidents de sa surface sur un plan passant par la base : l'hélice de la base des feuilles devient ainsi une spirale où sont marquées les feuilles.

Préfoliation. — Les feuilles dans les bourgeons se disposent de manière à occuper le moins possible de place, mais elles ne le font pas toutes de la même façon. Voici les principales manières d'être de la *préfoliation* de chaque feuille.

Plane. — Feuille non repliée.

Condupliquée. — Feuille pliée en deux, le long de la nervure médiane.

Réclinée. — Feuille repliée transversalement, partie supérieure rabattue sur la partie inférieure.

Plissée. — Feuille plissée en forme d'éventail.

Involutée. — Moitiés enroulées sur elles-mêmes en dedans.

Révolutée. — Moitiés enroulées sur elles-mêmes en dehors.

Convolutée. — Feuille enroulée sur elle-même comme un cornet.

La préfoliation générale peut être *valvaire* feuilles ne se touchant que par le bord, *imbriquée* feuilles extérieures recouvrant les intérieures, *équitante* chaque feuille embrassant dans son pli une autre feuille et *semi-équitante* chaque feuille repliée embrassant seulement la moitié d'une autre feuille.

Variations des feuilles. — Les feuilles d'une même plante ne sont pas toujours semblables. Ainsi la *Campanula rotundifolia* a en même temps des feuilles arrondies et allongées.

Les feuilles des rameaux fertiles du lierre sont oblongues aiguës alors que celles des rameaux stériles ont la forme que tout le monde connaît.

Dans les Sagittaires, les feuilles aériennes ressemblent à des fers de lance, tandis que les feuilles nageantes ou submergées sont allongées comme des rubans.

Dans les Renoncules aquatiques, il y a trois sortes de feuilles, suivant qu'elles vivent dans l'air, à la surface de l'eau ou dans l'eau; les premières sont entières, tandis que les secondes sont ramifiées en filaments très grêles.

Dans les plantes à rhizomes, les feuilles souterraines sont de simples écailles, alors que les feuilles aériennes sont normalement développées (Anémone).

Les bourgeons qui naissent au printemps épanouissent leurs feuilles très rapidement. Ceux qui naissent à l'automne, doivent passer l'hiver et se protéger du froid. Ils le font en différenciant les feuilles les plus externes en *feuilles protectrices* qui se détachent au printemps. Ces écailles, à cellules subérifiées, proviennent de la transformation soit du limbe (Lilas), soit de la gaine (Frêne), soit des stipules (Chêne).

Bulbes. — Chez plusieurs plantes, on remarque à la base de la tige des renflements, appelés *bulbes*, et remplis de matière de réserve (Oignon, Colchique). Ces bulbes sont produits par l'épaississement complet ou partiel des feuilles, transformées ainsi en écailles *nourricières*.

Si ces feuilles engainantes s'enveloppent complétement comme autant de tuniques, le *bulbe* est dit *tunique* Ail, Tulipe . Si ces feuilles engainantes se recouvrent mutuellement comme les tuiles d'un toit, le *bulbe* est dit *écailleux* Lis .

Souvent à la base des écailles des bulbes, naissent de petits bourgeons, dont les feuilles se renflent de la même façon. Ces *caïeux* se détachent plus tard et dessèminent la plante.

Des petits bulbes analogues, dits alors *bulbilles*, peuvent naître dans l'air à l'aisselle des feuilles Lis bulbifère . Ils jouent le même rôle que les caïeux.

Epines. — Tout ou partie des feuilles peuvent se transformer en épines. Cette transformation se produit dans les dents du limbe chez le chardon, dans les stipules chez l'épine-vinette, dans le limbe tout entier chez le blé barbu et dans le pétiole chez l'astragale aristé.

Vrilles. — De même tout ou partie des feuilles peuvent se transformer en vrilles. C'est tantôt le limbe tout entier Courge , la nervure principale prolongée *Flagellaria*, le pétiole Clématite , une foliole transformée Pois , etc.

Ascidies. — Une des transformations les plus remarquables de feuilles se rencontre lorsque celles-ci sont modifiées en ascidies, c'est-à-dire en cavités profondes, quelquefois recouvertes d'un couvercle. Chez le Nepenthes, la feuille se prolonge en une tige frêle se terminant par une cruche munie d'un couvercle pouvant se rabattre sur un orifice. Le contenu est un liquide clair où l'on rencontre des débris d'insectes. Les bords de l'orifice sont légèrement recourbés au dehors et très glissants. On a émis l'hypothèse que ces urnes servaient à capturer les insectes.

Dans le *Sarracenia*, les Ascidies ont la forme de cornets remplis aussi de liquide.

Dans l'*Utriculaire*, plante aquatique indigène, il y a de petites ascidies garnies de poils à leur ouverture ; ils servent de flotteurs.

II

MORPHOLOGIE INTERNE DE LA FEUILLE

L'épiderme de la feuille se continue avec l'épiderme de la tige. Son parenchyme se continue avec l'écorce. Quant à ses faisceaux, ils viennent se raccorder avec ceux de la tige. La structure de la feuille est donc très analogue à celle de la tige, avec cette différence qu'ici les faisceaux sont disposés symétriquement par rapport à un plan et non par rapport à un axe.

Structure du pétiole. — Le pétiole comprend un épiderme, un parenchyme et au milieu des faisceaux libéro-ligneux. Ceux-ci ont leur bois en haut et leur liber en bas, comme si le pétiole était un lambeau de la tige rabattu en dehors (moyen mnémonique).

Le parenchyme ne présente rien de particulier, sauf qu'il est souvent tranformé par places en collenchyme ou en sclérenchyme pour permettre à la feuille de se soutenir : chez les plantes aquatiques, le parenchyme est lacuneux.

Les faisceaux forment un arc à concavité supérieure : c'est dire qu'il a une symétrie bilatérale. Les faisceaux du milieu de l'arc sont les plus gros ; ils vont en diminuant de grandeur en se rapprochant des cornes du croissant (fig. 23).

Les angles de l'arc de faisceaux peuvent se rejoindre et alors la structure du pétiole est très analogue à celle de la tige ; on l'en distingue néanmoins par la grandeur relative des faisceaux ; le cercle, dans le pétiole n'est symétrique que par rapport à un plan.

Les faisceaux, surtout chez des Monocotylédones, forment un grand nombre de cercles. Chaque faisceau est entouré d'une double

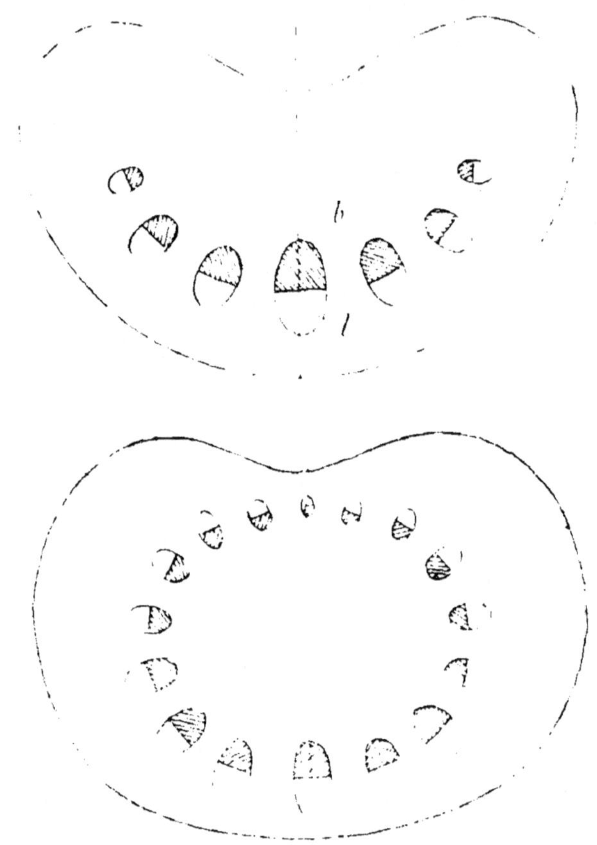

Fig. 23. — Coupes schématiques de deux pétioles montrant l'orientation des faisceaux libéro-ligneux. *d* et *l*. La ligne pointillée indique le plan de symétrie.

gaine : l'interne est du *péricycle*, l'externe de *l'endoderme*. Ils proviennent des tissus analogues de la tige et sont entraînés par les faisceaux fig. 24.

Les faisceaux peuvent confluer entre eux latéralement et donner ainsi soit un double anneau, soit un double arc, de liber et de bois. L'anneau ou l'arc sont même revêtus ici de péricycle et d'endoderme.

Structure du limbe. — L'épiderme présente les caractères que nous lui avons assignés précédemment. A citer seulement que les cellules sont très souvent sinueuses sur les bords au moins au-dessus du parenchyme. Au-dessus des nervures, les cellules sont régulières et allongées.

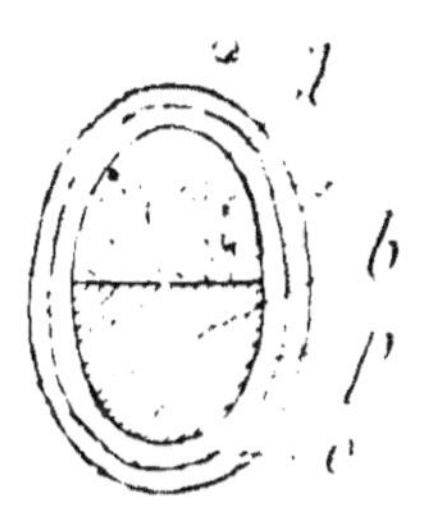

Fig. 24. — Coupe d'un faisceau du pétiole.

l, liber,
b, bois,
p, péricycle
e, endoderme.

L'épiderme peut se composer de plusieurs assises de cellules.

Les stomates sont très nombreux sur les feuilles : on en a compté 716 sur un millimètre carré chez le Chou-rave. Ils sont tantôt disséminés sans ordre, tantôt allongés dans le même sens que les nervures. Chez le Laurier-rose, les stomates réunis à plusieurs, sont situés au fond de dépressions de l'épiderme (*cryptes stomatifères*).

Les stomates n'existent pas chez les feuilles submergées. Chez les feuilles nageantes, les stomates se trouvent exclusivement sur la face supérieure. C'est au contraire sur la face inférieure qu'on les rencontre chez les feuilles coriaces. Les feuilles molles en possèdent en même temps sur leurs deux faces.

Les poils sont en général nombreux et variés. Les feuilles qui en sont dépourvues sont dites « glabres ». Ils sont surtout abondants sur les jeunes pousses et sur les plantes croissant dans des endroits secs.

Le parenchyme est quelquefois homogène, c'est-à-dire que toutes ses cellules sont semblables, arrondies ou allongées suivant les cas. Les cellules externes sont surtout riches en chlorophylle; les cellules internes en contiennent peu ou même pas du tout (fig. 25).

Le parenchyme est plus souvent hétérogène et se laisse diviser nettement alors en deux couches.

La couche supérieure, dite *palissadique*, est formée de cellules allongées perpendiculairement à la surface, étroitement unies entre elles, sans interposition de méats : les cellules ressemblent aux pieux d'une palissade ; d'où le nom du tissu qu'elles constituent.

La couche inférieure, dite *lacuneuse* comprend des cellules parenchymateuses irrégulières et laissant entre elles de nombreux méats. Toutes ces cellules sont riches en chlorophylle.

Le parenchyme que nous venons de décrire se différencie de place en place en tissu sécréteur ou en tissu de soutien. Parfois, les cellules sous-épidermiques demeurent inco-

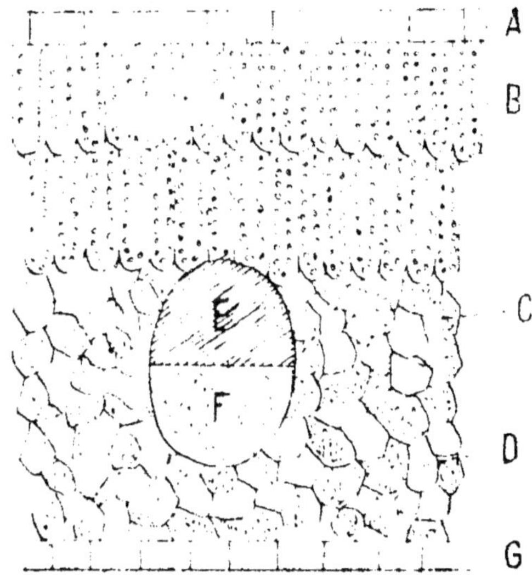

FIG. 25. — Coupe schématique montrant la structure habituelle du limbe.

A. épiderme supérieur.
B. parenchyme en palissade.
C. parenchyme lacuneux.
D. lacunes.
G. épiderme inférieur.
E. faisceau libérien.
F. faisceau ligneux.

lores et donnent alors le faux aspect d'un épiderme double.

Les faisceaux présentent les mêmes caractères que ceux du pétiole dont ils ne sont que les prolongements. Dans les nervures les plus fines, on voit les tubes criblés disparaître.

puis les vaisseaux qui se ferment et viennent s'appuyer librement contre une cellule parenchymateuse. Chez quelques plantes, les vaisseaux viennent se terminer par l'intermédiaire de petites cellules parenchymateuses incolores dans de petites cavités s'ouvrant au dehors et généralement situées au sommet des dents des feuilles : ces cavités sont des *stomates aquifères*. Primevères, Figuier.

Les formations secondaires sont rares chez les feuilles; on peut en trouver, cependant, dans les écailles protectrices.

Dans les feuilles caduques, il se forme, à l'automne, à la base des pétioles, une couche transversale de tissu dont les cellules s'arrondissent, ce qui empêche aux matériaux nutritifs d'arriver aux feuilles et facilite la chute de celles-ci.

CHAPITRE VI

LA FLEUR

La *fleur* est un rameau différencié en vue
de la reproduction. Elle est formée de feuilles
modifiées dans ce but spécial, et d'une tige
dont la partie inférieure porte, ici, le nom
de *pédicelle*. Les feuilles rudimentaires portées par ce pédicelle sont des bractées. La
partie supérieure du pédicelle, celle qui,
étalée, porte les pièces florales est le réceptacle. La fleur avant son épanouissement est
un bouton.

I

INFLORESCENCES

Les inflorescences sont les différentes manières suivant lesquelles les fleurs sont grou-
pées (fig. 26).

Les fleurs peuvent être disposées solitaire-
ment soit au sommet de la tige (Tulipe), soit

sur un de ses côtés Pervenche : c'est l'*inflorescence solitaire*. A la base de chaque fleur il
y a une feuille. Quelquefois, cependant, cette
dernière lui est opposée : la fleur est *oppositi-
foliée*. On explique facilement ce cas, en

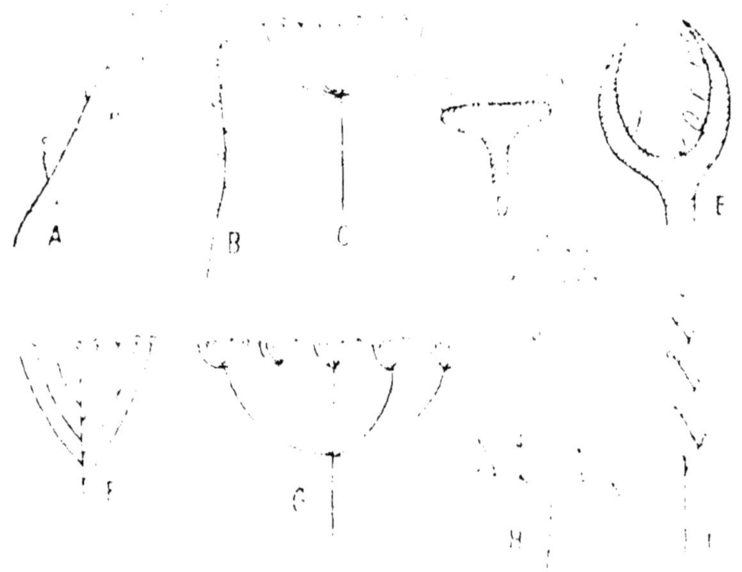

Fig. 26. — Diverses inflorescences

A, grappe; B, épi; C, ombelle; D, capitule; E, capitule à
réceptacle concave; F, corymbe; G, ombelle composée;
H, cyme bipare; I, cyme unipare scorpioïde; J, cyme unipare
hélicoïde.

remarquant qu'une pareille fleur n'est pas
véritablement axillaire, mais terminale; c'est
le rameau né à la base d'une feuille de son
pédicelle qui a pris sa place (fig. 27).

L'inflorescence peut être *simple* ou *composée* suivant qu'elle se ramifie à un ou plusieurs degrés.

Dans le cas des inflorescences simples, nous avons plusieurs cas à considérer.

1° La *grappe*, où les pédicelles et les entre-nœuds sont tous les deux assez longs. Groseille.

2° L'*épi*, où les entre-nœuds ont une certaine longueur, mais où les pédicelles sont

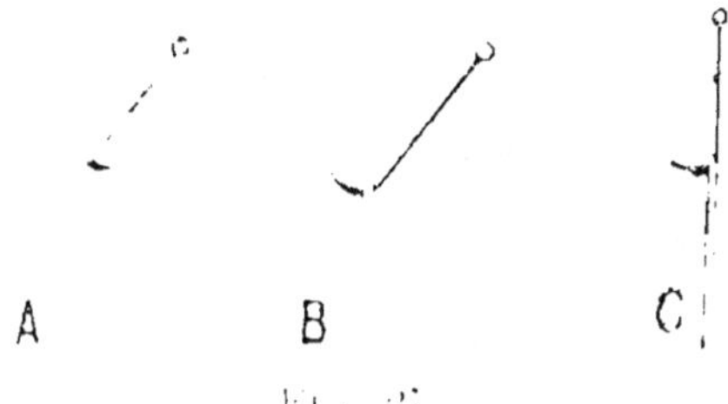

Fig. 27.

A. fleur naissant à l'aisselle d'une bractée.
B. fleur à opposition-bractée.
C. schéma expliquant la fleur opposition-bractée.

nuls : les fleurs sont sessiles sur l'axe de l'inflorescence Verveine.

3° L'*ombelle*, où les entre-nœuds sont nuls, mais où les pédicelles, partant tous ainsi du même point, viennent aboutir au même niveau. Les fleurs sont situées sur le même plan Astrantia.

4° Le *capitule*, où les entre-nœuds et les pédicelles sont tous deux nuls : les fleurs sont sessiles sur le sommet de l'axe, épaissi et portant le nom de *réceptacle*. Celui-ci peut, d'ailleurs, être plan (Soleil) ou creusé en bouteille (Figuier).

3° Le *corymbe*, où les entre-nœuds ont une certaine longueur, mais où les pédicelles s'allongent plus ou moins de manière à amener toutes les fleurs sur le même plan (Poirier).

Ces différents cas sont résumés dans la figure 26.

Les inflorescences simples sont plutôt rares. Les inflorescences *composées* sont plus communes. La ramification peut s'opérer de la même manière à tous les degrés successifs. On a ainsi :

Une *grappe composée* (Lilas).

Un *épi composé* (Blé).

Une *ombelle composée* (Carotte, etc.).

La ramification peut aussi s'opérer suivant deux modes à chaque degré successif, et on a alors un *corymbe de capitules* (Achillée), une *grappe d'épis* (Avoine), une *grappe d'ombelles* (Lierre), etc.

Si, dans une inflorescence composée, le nombre des pédicelles latéraux *de chaque degré* est petit, et si ces pédicelles se ramifient beaucoup, l'inflorescence prend le nom de *cyme*. Dans le cas de la petite Centaurée, par exemple, l'axe se termine par une fleur; à l'aisselle des deux feuilles qu'il porte, naissent deux pédicelles se terminant également par une fleur. Chaque pédicelle, à son tour, produit deux feuilles et deux nouvelles branches. La ramification se continue ainsi en produisant chaque fois *deux* pédicelles : c'est une *cyme bipare*.

Supposons que dans une cyme bipare une des deux branches de chaque ramification avorte : nous aurons une *cyme unipare*. Dans ce cas, il se produit généralement un sympode et les fleurs sont oppositifoliées. Si l'avortement se produit alternativement à droite et à gauche, la cyme unipare est dite *hélicoïde* (Hémérocalle) ; s'il se produit toujours du même côté, la cyme unipare est dite *scorpioïde* (Borraginées) ; elle est enroulée sur elle-même.

Bractées. — Les bractées portées par le pédicelle sont des feuilles rudimentaires, parfois même difficiles à voir. Dans d'autres cas, assez rares, ces bractées prennent un grand développement et se recouvrent même de brillantes couleurs. C'est ce qui arrive dans la Sauge cardinale, où elles sont rouges comme les fleurs.

Quand la bractée prend un grand développement et enveloppe plus ou moins la fleur solitaire (Narcisse) ou toute l'inflorescence (Arum, Palmier), elle prend le nom de *spathe*.

Dans le cas des capitules, les bractées se réunissent toutes autour du réceptacle pour former l'*involucre*. Il existe aussi un involucre à la base de l'inflorescence en ombelle.

On désigne sous le nom de *cupule*, une excroissance du pédicelle qui entoure la base d'une Chêne, de deux Hêtre ou de trois Châtaignier fleurs.

II

LA FLEUR EN GÉNÉRAL

La fleur, avons-nous dit, est un rameau feuillé transformé.

Dans une fleur complète, il y a en général quatre parties qui sont de dehors en dedans.

1° Le *calice* formé de *sépales*;

2° La *corolle*, formée de *pétales*;

3° L'*androcée*, formé d'*étamines*;

4° Le *gynécée* ou *pistil*, formé de *carpelles*;

Calice et corolle sont réunis sous le nom de *périanthe*.

Toutes ces pièces peuvent y être disposées en *verticilles*, c'est-à-dire plusieurs au même nœud; en *cycles*, c'est-à-dire une seule à chaque nœud ou enfin à la fois en *verticilles* et en *cycles*.

On a un exemple des *fleurs verticillées* dans la Giroflée, de *fleurs cycliques* dans le Sedu phar et de *fleurs mixtes*, dans les Renoncules où le calice et la corolle sont disposés en verticilles, tandis que l'androcée et le gynécée sont disposés en cycles.

Les fleurs ne sont pas forcément composées des quatre parties que nous avons énumérées plus haut. L'une des parties du périanthe peut manquer, et alors on admet que celui qui reste est le calice (Anémone).

Les deux parties du périanthe peuvent également disparaître: la fleur est alors *nue* (Frêne).

Si dans la fleur, l'un des deux verticilles externes (androcée et gynécée) manque, la fleur est *unisexuée*. Dans ce cas, la plante produit deux sortes de fleurs : les fleurs à étamines et les fleurs à pistil. Dans les *plantes monoïques*, ces deux sortes de fleurs sont réunies sur le même pied (Courge). Dans les plantes *dioïques*, elles sont placées sur des pieds différents (Dattier).

La fleur, au lieu de se simplifier comme nous venons de le voir, peut se compliquer et renfermer par exemple plusieurs verticilles d'étamines (Ancolie), ou de carpelles (Grenadier).

Le nombre des pièces de chacune des parties de la fleur est souvent le même : ainsi, les quatre verticilles sont composés de trois pièces chez les Liliacées, de quatre chez la Bruyère, de deux chez la Circée, de cinq chez le Géranium. Dans ce cas, on peut dire qu'il y a toujours alternance d'un verticille à un autre. C'est presque une loi à laquelle les exceptions sont rares et s'expliquent généralement par l'avortement d'un verticille. Il est des cas cependant où cette superposition semble normale Primevère, Mauve, etc. .

La fleur peut être symétrique par rapport à l'axe qui passe en son milieu : elle est alors *régulière* Renoncule, Fraisier . Elle peut aussi n'être symétrique que par rapport à un plan : elle est alors *irrégulière* ou *zygomorphe* Pois, Muflier . Dans quelques cas même, la fleur est dépourvue de symétrie *Canna* .

Un des caractères importants des espèces réside dans la fleur et c'est presque toujours à eux qu'on s'adresse pour déterminer , c'est-à-dire trouver le nom des plantes. Pour représenter d'une manière schématique la disposition et le nombre des pièces, on se sert de *diagrammes*. On suppose toutes les pièces de la fleur coupées transversalement et la surface de section projetée sur un plan perpendiculaire au pédicelle. Les sépales sont ainsi figurés comme des croissants : on convient de leur mettre un carène sur la face dorsale. Les pétales sont figurés de même,

mais sans carènes. La forme des étamines
est celle de la section de l'anthère. Le gynécée montre les carpelles et la placentation.

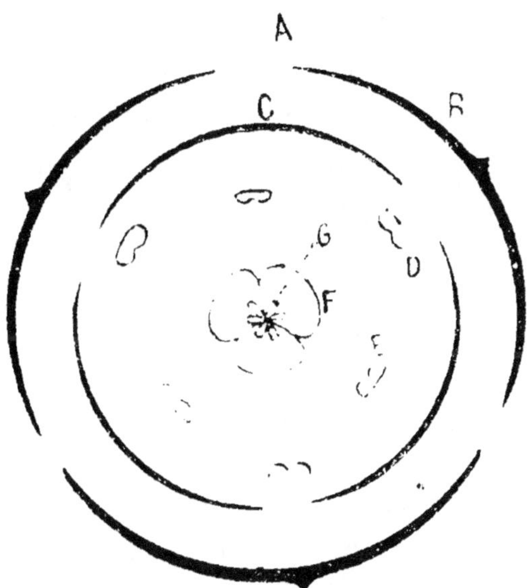

Fig. 28. — Exemple de diagramme floral.

A, axe;
B, sépales;
C, corolle;
D, étamines externes;
E, étamines internes;
F, pistil;
G, ovules.

Souvent on indique par un point la position de l'axe sur lequel s'insère le pédicelle
(fig. 28).

Dans les diagrammes élémentaires, on se
contente de représenter toutes ces pièces
sans s'occuper de leur préfloraison. Dans les

diagrammes plus compliqués, on figure les
pièces imbriquées comme elles le sont dans
le bouton.

Quand il y a des parties avortées, on les
figure par un point ou une croix.

Toutes les parties des fleurs peuvent différencier localement leurs tissus en cellules
sécrétant un liquide sucré : ce sont les *nec-
taires* qui sécrètent le *nectar*.

III

CALICE

Le calice, formé de sépales, est ordinairement vert. Quand, exceptionnellement, il
est coloré, il est dit *pétaloïde* (Lis, Tulipe,
Fuchsia). De même que la fleur entière, il
peut être *régulier* (Renoncule), ou *zygomorphe*
(Capucine).

Le calice est tantôt formé de pièces distinctes, de sépales, tantôt composé d'une
seule pièce munie de dents. Dans le premier
cas, il est *polysépale* ; dans le second, *gamosépale*. On dit quelquefois qu'un calice gamosépale est formé de sépales soudés : c'est
une mauvaise dénomination qui ferait croire
que des pièces d'abord distinctes se sont soudées ultérieurement. En réalité, les sépales

sont d'abord distincts, mais quand ils sont très jeunes. Bientôt, la zone de croissance se déplace et se localise au-dessous des dents ainsi formées. Dès ce moment, la zone en voie de division est constituée par un rameau complet qui soulève les dents déjà formées et produit une pièce unique, le calice gamosépale. C'est d'ailleurs là une loi générale en botanique. Les nombreuses *concrescences* que l'on signale entre tiges, entre feuilles, entre tiges et feuilles proviennent toujours de ce que deux organes voisins ont confondu leur zone de croissance.

La structure des sépales est la même que celle des feuilles.

En dehors du calice, on observe parfois un autre petit calice, le *calicule* Fraisier : c'est une simple ramification des sépales.

On appelle *préfloraison* la manière dont les pièces sont placées dans le bouton. Pour le calice, comme pour la corolle, on distingue les cinq modes principaux de préfloraison que nous allons énumérer fig. 29.

1° *Préfloraison valvaire.* — Pièces ne se recouvrant pas, mais se touchant par leurs bords.

2° *Préfloraison tordue.* — Chaque pièce recouvrant la suivante et recouverte par la précédente.

3° *Préfloraison spiralée.* — Pièces disposées en un cycle. Par exemple avec cinq pièces, il y en a deux recouvrantes, deux recouvertes et une recouvrant recouverte.

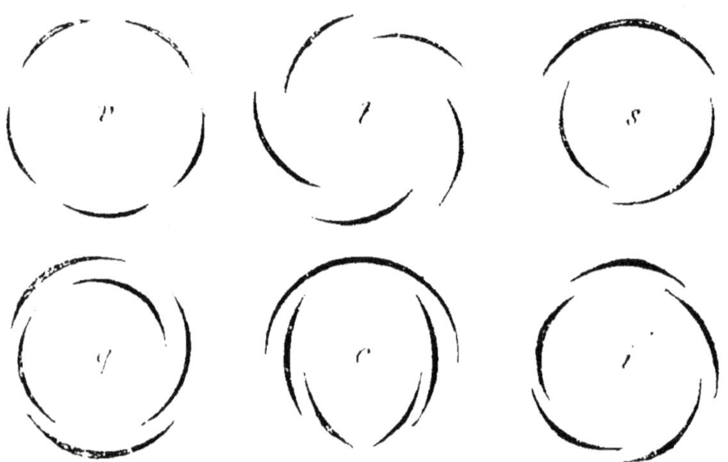

Fig. 29. — Principaux types de préfloraison.

v. valvaire.
t. tordue.
s. spiralée.
q. quinconciale.
c. cochléaire.
i. imbriquée.

Comme ce cas de cinq pièces en préfloraison spiralée est très fréquent, on lui donne souvent le nom spécial de *préfloraison quinconciale.*

4° *Préfloraison cochléaire.* — Une pièce recouvrante, une pièce recouverte, deux recouvrant-recouvertes.

5° *Préfloraison imbriquée.* — Une pièce recouvrante, une pièce recouverte voisine.

Les autres pièces mi-partie recouvrantes-recouvertes.

IV

COROLLE

Les pétales, à part leur couleur, ressemblent à de petites feuilles, ordinairement sessiles (Renoncules). Quand ils présentent une partie rétrécie, une sorte de pétiole, celle-ci prend le nom d'onglet (Œillet).

Parfois les sépales se prolongent en une partie creuse, en forme de cornet, garnie de liquide sucré à l'intérieur : c'est un *éperon*; il peut être produit soit par un seul pétale (Ancolie), soit par plusieurs réunis à la base (Capucine).

La corolle peut être régulière (Renoncule) ou zygomorphe (Pois), *gamopétale* (Muflier), ou *dialypétale* (Fraisier).

Nous connaissons déjà les divers modes de préfloraison de la corolle. Citons seulement quelques exemples : Préfloraison valvaire (Vigne); tordue (Malva); spiralée-quinconciale (Belladone); cochléaire (Pois); imbriquée (Malpighia). Dans le pavot les pétales sont simplement chiffonnés : c'est la préfloraison *chiffonnée*. La préfloraison du calice n'est pas, dans une même plante, nécessairement identique à celle de la corolle.

Si la zone de croissance vient à envahir l'endroit commun où s'insèrent à la fois le calice et la corolle, celle-ci paraît portée par celle-là (Capucine).

V

ANDROCÉE

L'androcée est la partie mâle de la plante : il est formé d'étamines.

Une étamine est habituellement formée d'une partie étroite, le *filet*, se terminant par un organe plus épais et de couleur souvent jaune, l'*anthère* (fig. 30).

Le *filet* est ordinairement moins large au sommet qu'à la base d'implantation. Il peut présenter des prolongements, des éperons, comme dans la violette, ou se ramifier (Ricin), et alors se terminer par des parties d'anthères.

L'*anthère* se compose de deux parties : une médiane, le connectif, réunissant les deux latérales ou *sacs polliniques*. Le connectif est habituellement peu important ; mais chez la sauge, par exemple, il est très long. Le connectif s'insère quelquefois à l'anthère par une surface très restreinte, ce qui rend l'anthère *oscillante* (Graminées).

Les *sacs polliniques* sont, le plus souvent, au nombre de quatre et s'insèrent par toute

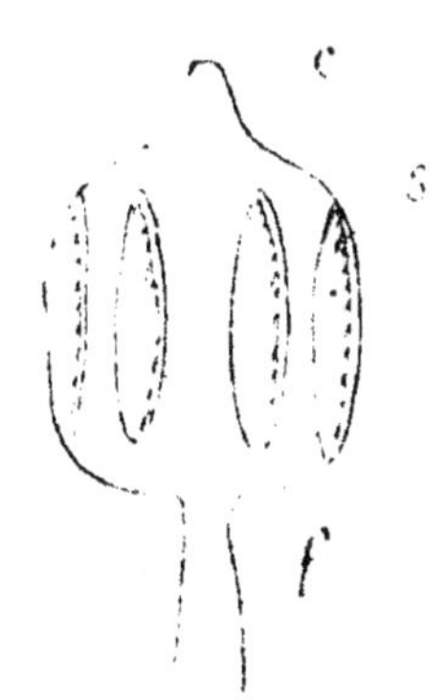

Fig. 30. — Schéma d'une étamine.

f, filet.
c, connectif.
s, sacs polliniques.

leur longueur. A leur maturité, ils s'ouvrent pour mettre en liberté le *pollen*. Cette déhiscence se fait souvent par une fente située le long du sillon qui sépare deux sacs voisins Lis : la déhiscence est dite *longitudinale*. La fente est *transversale* chez le *Pyridanthera*. Quand l'anthère s'ouvre par un pore situé au sommet des sacs polliniques, la déhiscence est *poricide Solanum, Erica*. L'ouverture peut aussi s'effectuer par un clapet qui se soulève de bas en haut *Berberis, Laurus*.

La déhiscence est *introrse* quand elle s'opère du côté interne de la fleur Fraisier ; *extrorse* dans le cas contraire Renoncule

Les étamines peuvent se souder entre elles par leurs filets, soit en totalité *Oxalis*, soit en partie *Robinia*, où il y a neuf filets soudés et un libre, ou par leurs anthères *Composées*.

Les étamines peuvent se souder à la corolle ; ce cas arrive presque toujours quand cette dernière est gamopétale exemple : composées, exception : campanulacées . Elles peuvent se souder aussi au calice, quand celui-ci est déjà soudé à la corolle Fraisier .

VI

POLLEN

Le pollen prend naissance dans les sacs polliniques : c'est une poussière formée de grains libres Lis ou réunis à 4, 8, 16, etc. *grains composés* ou en un grand nombre par une matière visqueuse *pollinies* des Orchidées . Il est jaune Renoncule , bleuâtre Epilobe, blanc Actée , brun Pavot ou rouge.

Les grains du pollen sont ordinairement arrondis ou ovalaires. Ils peuvent être aussi triangulaires *Œnothera*, cubiques *Basilla*, ou même allongés en filaments Zostère.

Leur surface est lisse ou ornée de sculptures en relief. Ainsi chez la Chicorée, le grain est recouvert de saillies anastomosées en réseau et terminées sur leur crête par des épines. Chez le Pin, le grain est pourvu sur les côtés de deux flotteurs.

La surface présente une autre sorte d'accidents en creux. Si ces creux sont arrondis, ce sont des *pores*. S'ils sont allongés, ce sont des *plis*.

VII

STRUCTURE DE L'ANTHÈRE

L'anthère se compose essentiellement d'un faisceau médian, d'une épiderme périphérique et entre les deux d'un parenchyme (fig. 31).

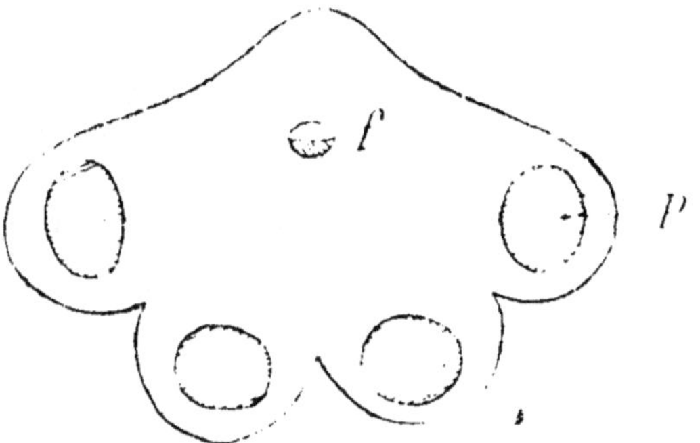

Fig. 31. — Coupe d'une anthère
f. G. ...
P. sacs polliniques.

Au moment où l'anthère va former des grains de pollen, on voit le parenchyme se modifier suivant quatre bandes correspondant à chacun des quatre sacs polliniques ultérieurs. Considérons une seule de ces bandes (fig. 32).

Les cellules sous-épidermiques commencent a grandir et à se diviser en deux zones : l'un interne qui donnera les cellules mères des grains de pollen, l'autre externe dont nous allons examiner le sort ultérieur. Cette

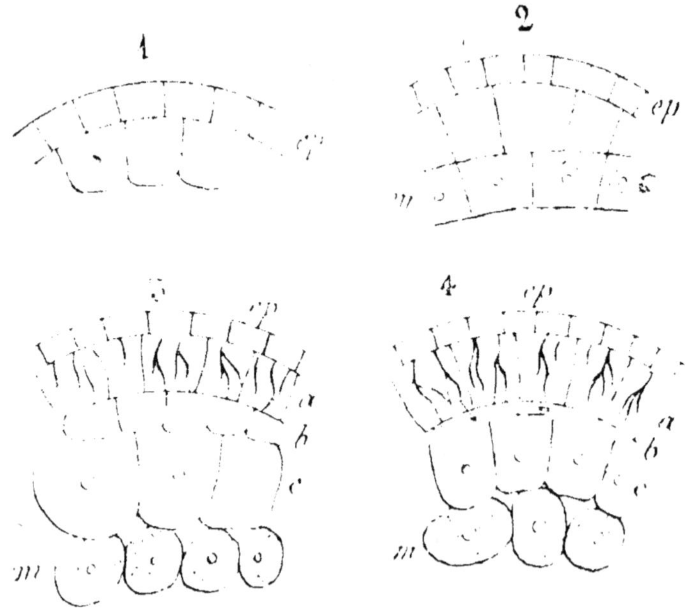

FIG. 32. — Schémas destinés à expliquer la formation de la paroi du sac pollinique.

ep, épiderme.
?, cellules mères des grains de pollen.
a, assise du tapis.
b, cellules nourricières.
c, cellules jaunes.

couche sous-épidermique se divise en trois nouvelles couches qui sont de dedans en dehors :

1° Une couche de cellules larges, à proto plasma épaissi, et de couleur jaune ;

2° Une couche de cellules parenchymateuses qui ne tardent pas à être écrasées;

3° Une couche de cellules sous-épidermiques qui prennent des grains d'amidon et épaississent leur membrane suivant des bandes.

La couche des cellules jaunes fait tout le tour des sacs polliniques, tandis que la couche des cellules lignifiées ne se rencontre que du côté tourné vers l'épiderme; elle se continue d'un sac pollinique au plus voisin.

Revenons maintenant aux cellules mères des grains de pollen. Chacune d'elles épaissit sa membrane et se divise en quatre qui à leur tour épaississent leur membrane. Ces quatre cellules filles sont autant de grains de pollen; elles forment à l'intérieur de leur membrane une couche de cellulose pure. A ce moment la membrane externe des grains de pollen et la membrane des anciennes cellules mères se gélifient et forment un liquide où nagent les grains de pollen. A ce liquide s'ajoute celui produit par la fonte des cellules jaunes, d'où il en résulte un liquide nutritif très abondant remplissant le sac pollinique, avec les grains de pollen qu'elle tient en suspension.

Les grains de pollen épaississent alors leur membrane de trois façons différentes :

1° La membrane s'épaissit peu et également sur tout le pourtour *Orchis* ;

2° La membrane s'épaissit beaucoup et se différencie par place. A l'endroit des pores, elle demeure telle quelle, mais aux autres endroits, elle se divise en une couche interne cellulosique et une couche externe, cutinisée et colorée ;

3° La membrane s'épaissit en deux temps et produit alors deux membranes, l'une externe, *l'exine*, l'autre interne, *l'intine*. L'exine peut encore se diviser en deux autres couches fig. 33 .

Habituellement l'exine se cutinise, sauf au niveau des pores, où elle se gélifie en produisant en ces points des ouvertures où pénètre l'intine formant un bouchon cellulosique.

D'autres fois l'exine se cutinise même au niveau des pores, sauf suivant un anneau circulaire le long duquel elle se dissout. Ces anneaux isolent au-dessus des plis autant de bouchons cutinisés.

En même temps que ces modifications s'opèrent dans la membrane, il s'en passe d'autres à l'intérieur même du grain. Le noyau se divise en deux autres noyaux entre lesquels il se fait une cloison en forme de verre de montre qui vient s'appuyer sur la membrane du grain et le divise en deux cellules filles inégales.

Chez les gymnospermes, cette cloison en verre de montre s'affermit, s'imprègne de cellulose et devient définitive.

Chez les angiospermes, au contraire, la cloi-

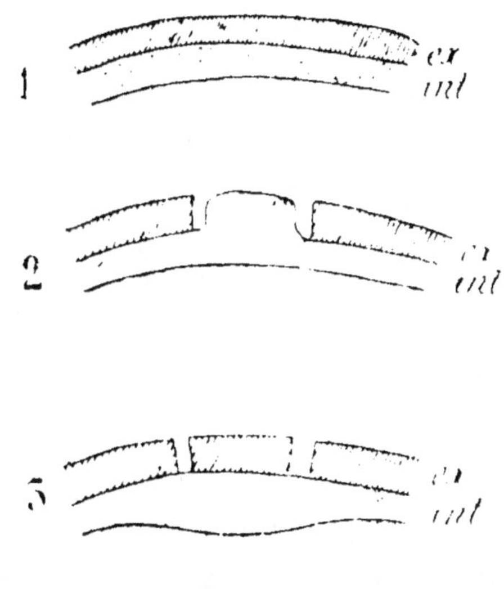

Fig. 33.

1. Coupe de la membrane d'un grain de pollen divisé en exine ex et en intine int.

2. Coupe analogue [illegible] faisant [illegible] forme un bouchon cellulosique.

3. Coupe analogue où l'exine est interrompue suivant un [illegible].

son se résorbe mettant ainsi les deux noyaux dans une masse commune de protoplasma.

Des deux cellules plus ou moins incomplètes formées de la sorte, une seule joue un rôle dans la fécondation : c'est la plus grosse chez les gymnospermes et la plus petite chez les angiospermes. On donne à cette cellule privilégiée le nom de *génératrice*; l'autre est la cellule *végétative* (fig. 34).

Les grains de pollen ainsi constitués sont

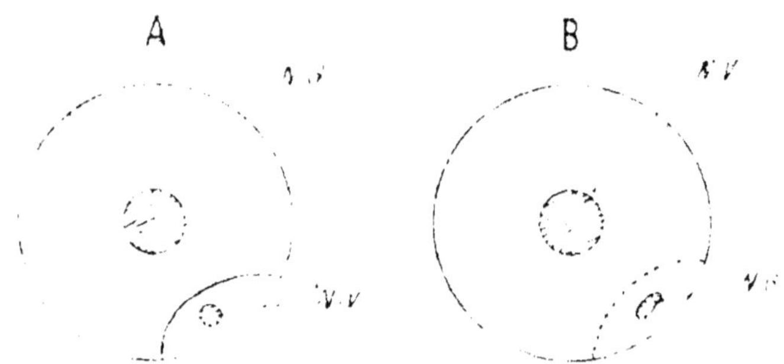

FIG. 34. — Coupe théorique d'un grain de pollen d'angiosperme A et d'un grain de gymnosperme B

N. G. noyau générateur.
N. V. noyau végétatif.

mis en liberté par la déhiscence de l'anthère. L'assise sous-épidermique, rappelons-le, est formée de cellules plus ou moins lignifiées. Cette lignification se fait quelquefois sous forme de bandes; plus souvent elles ne s'opèrent que sur les cloisons internes et radiales; les cloisons externes restent cellulosiques. Ces dernières en se contractant produisent la déchirure des parois de l'anthère.

VIII

PISTIL.

Le *gynécée* ou *pistil* est formé de carpelles.

Chaque carpelle est essentiellement formé d'une lame aplatie, l'*ovaire*, dont les bords épaissis, appelés *placentas*, portent des *ovules*. Le carpelle se prolonge à la partie supérieure en une partie étroite, le *style*, terminée par une partie élargie, le *stigmate*.

La manière dont sont disposés les placentas porte nom de placentation.

Si les feuilles carpellaires se touchent simplement par leur bord, l'ensemble forme une cavité arrondie, sur les parois de laquelle, suivant des lignes, sont disposés les ovules, c'est la *placentation pariétale* Violette (fig. 35.

Si chaque feuille carpellaire se recourbe sur elle-même vers l'intérieur de la fleur de manière à adosser ses deux placentas, la *placentation* est dite *axile*, parce que les placentas des carpelles voisins sont réunis en une colonne médiane réunie aux parois par d'autres cloisons rayonnantes Lis fig. 36.

Supposons que dans une placentation axile les cloisons rayonnantes se détruisent : nous aurons la *placentation centrale libre* (Œillet fig. 37).

Si les ovules ne naissent que sur le plan-

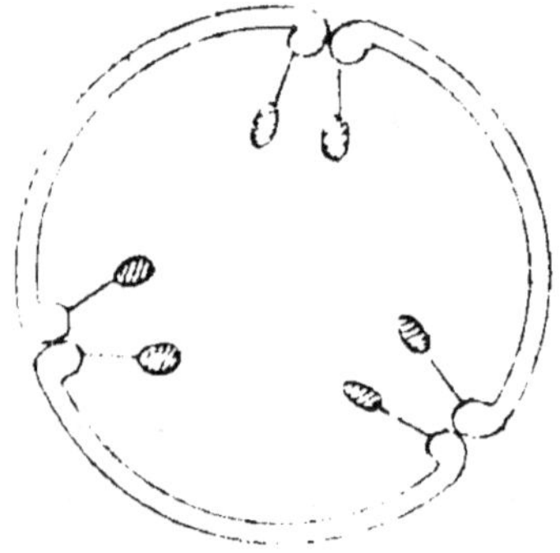

Fig. 35. — Coupe d'un ovaire à placentation pariétale.

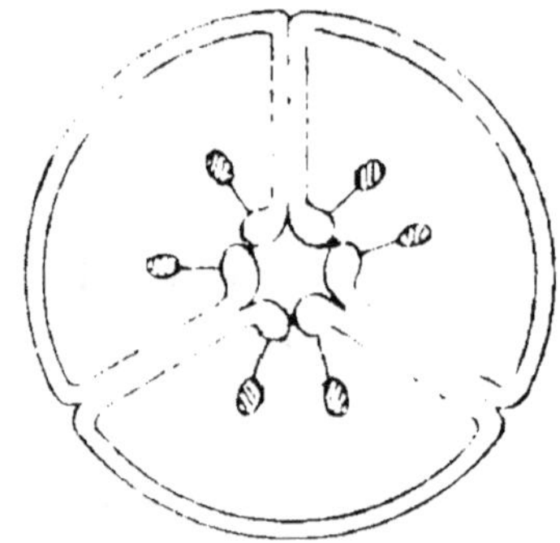

Fig. 36. — Coupe d'un ovaire à placentation axile.

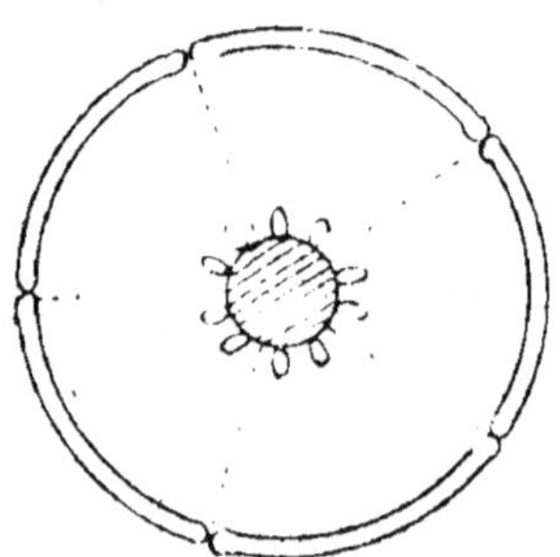

Fig. 37. — Coupe d'un ovaire à placentation centrale libre.

cher du carpelle, la *placentation* est *basilaire* (Arum).

Si dans la placentation basilaire, le plancher se soulève et forme une colonne portant les ovules, on a la *placentation centrale* (Mouron). On voit que cette colonne n'a pas la même origine que celle de la placentation centrale libre (fig. 38).

Enfin, dans la *placentation réticulée*, les ovules sont insérés irrégulièrement le long des nervures de l'ovaire (Pavot), et dans la *placentation médiane*, ils sont insérés dans la nervure médiane (Cactus).

Le style est tantôt très long (Safran), tantôt nul (Renoncule). Il s'insère au sommet (*style terminal*), au milieu (*style latéral*) ou à la base (*style gynobasique*) de l'ovaire.

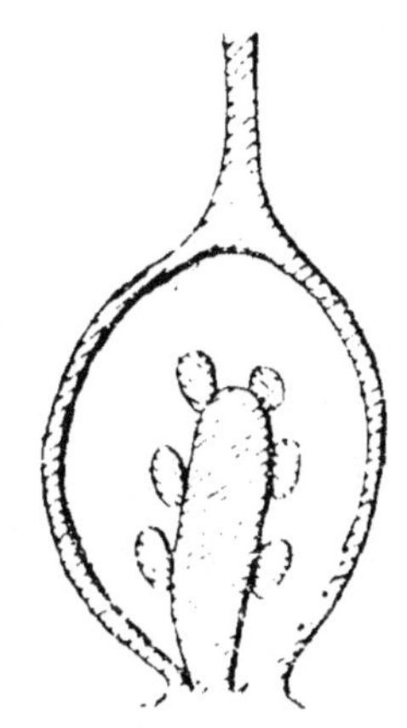

Fig. 48. — Coupe longitudinale d'un ovaire à placentation centrale.

Le stigmate manque chez les gymnospermes.

Le pistil est *gamocarpellé* ou *dialycarpellé* suivant qu'il est formé d'un ou de plusieurs carpelles.

Les carpelles voisins peuvent s'unir entre eux, par leur ovaire, leur style ou leurs stigmates. Ils peuvent aussi se souder à l'androcée, au calice et à la corolle.

Dans la concrescence maxima, les quatre pièces de la fleur sont soudées en une masse unique de laquelle émerge au sommet la partie libre de quatre verticilles. Cette masse contient les ovules à son intérieur, elle apparaît renflée au-dessous de la fleur. Dans ce cas, l'ovaire est dit *infère*, par opposition à l'*ovaire supère* qui apparaît seulement en regardant la fleur par dessus. La présence et l'absence d'un ovaire infère a une grande importance au point de vue de la classification.

La structure des carpelles est facile à indiquer : c'est celle d'une feuille plus ou moins repliée sur elle-même. Un point cependant doit être tout particulièrement signalé : c'est le *tissu conducteur*. Il débute dans le stigmate où il apparaît sous la forme de cellules, de papilles épidermiques, à membranes plus ou moins visqueuses et secrétant un liquide visqueux, sucré et acide. Ce tissu conducteur est ordinairement épidermique, mais il peut aussi provenir de la transformation du parenchyme interne. Du stigmate, on le voit se continuer dans le style et de là, dans l'ovaire, jusqu'au contact des ovules. Ce tissu conducteur, nous le verrons plus loin, sert à construire le tube pollinique depuis le stigmate jusqu'à l'ovule.

IX

L'OVULE

Pour connaître la constitution d'un ovule, examinons un ovule droit. Cet ovule est attaché au placenta par une petite tige, le *funi-*

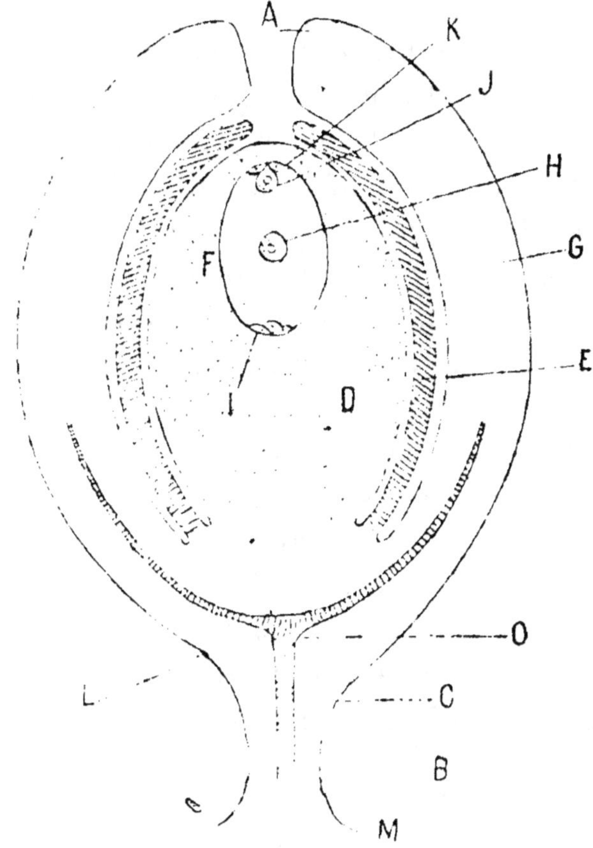

Fig. 39. — Coupe longitudinale schématique d'un ovule
orthotrope.

A. micropyle.
B, funicule.
C, faisceau.
D, nucelle.
E, tégument interne.
F, sac embryonnaire.
G, tégument externe.

H. noyau du sac embryonnaire
I. antipodes.
J, oosphère.
K. synergides.
L, hile.
M, placenta.
O, chalaze.

cule. Le point d'insertion du funicule sur
l'ovule est le hile (fig. 39).

L'ovule se compose essentiellement d'une masse centrale, le *nucelle*, entouré d'une ou plus souvent de deux enveloppes incomplètes qui laissent libre le sommet du nucelle en un point appelé le *micropyle*. Les deux enveloppes qui enchâssent ainsi le nucelle sont les *téguments* : l'un est *interne*; l'autre est *externe*. Ce dernier seul est pourvu de faisceaux. Le point où le faisceau du funicule se divise pour aller irriguer le tégument ex'erne est la *chalaze*.

Ce qui caractérise l'ovule *droit* ou *ortho-trope* que nous venons de décrire, c'est que le micropyle, la chalaze et le hile se trouvent sur une même ligne droite (Ortie .

Dans l'ovule *courbé* ou *campylotrope*, le corps s'accroit plus fortement d'un côté et se courbe en forme d'arc, de façon que le micro-pyle se trouve rapproché du hile et de la chalaze Crucifères .

Dans l'ovule *réfléchi* ou *campylotrope*, le corps reste droit, mais bascule autour du hile comme charnière pour venir s'appliquer contre le funicule et se souder à lui : le funi-cule forme alors à sa surface une saillie longi-tudinale, le *raphé* fig. 40 .

Dans le nucelle des angiospermes, on dis-tingue une masse ovalaire, le *sac embryon-naire*. Tout en haut de celui-ci, il y a deux petites cellules, les *synergides* et une plus grosse, l'*oosphère*. Le noyau placé au centre du sac est le *noyau du sac embryonnaire*. Quant aux trois petites cellules placées au fond du sac, ce sont les *antipodes*.

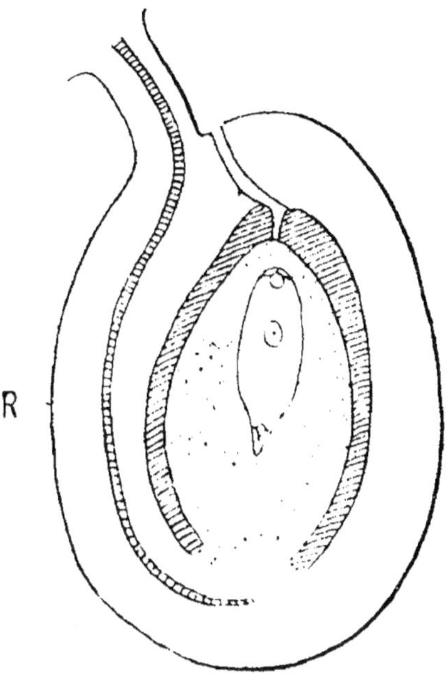

Fig. 40. — Schéma d'un ovule campylotrope.
R, raphé.

Dans le nucelle des gymnospermes, le sac embryonnaire est rempli de cellules intimement unies les unes aux autres et constituant l'*endoderme*. On y distingue de grandes cellules, les *oosphères* séparées chacune de la membrane du sac par une rosette de quatre cellules. Chaque oosphère avec ses quatre

cellules est un *corpuscule*. Au-dessus des corpuscules, le reste des tissus du nucelle se
creusent d'une *chambre pollinique* (fig. 41).

Etudions maintenant le mode de formation
de l'ovule. Il apparait sur le placenta sous

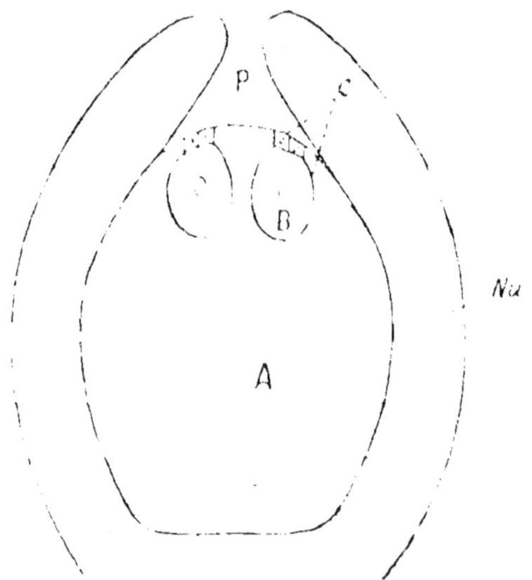

FIG. 41. — Schéma d'un ovule de gymnosperme.

A, nucelle.
B, oosphères.
C, corpuscules.
P, chambre pollinique.

forme d'une émergence dont la base forme
un ou deux bourrelets qui, en augmentant de
volume, produisent le ou les téguments. Le
reste constitue le nucelle (fig. 42).

Dans le nucelle des angiospermes, une cellule placée au-dessous de l'épiderme augmente de volume et se divise en deux autres.

La cellule supérieure se divise un assez
grand nombre de fois en produisant un amas

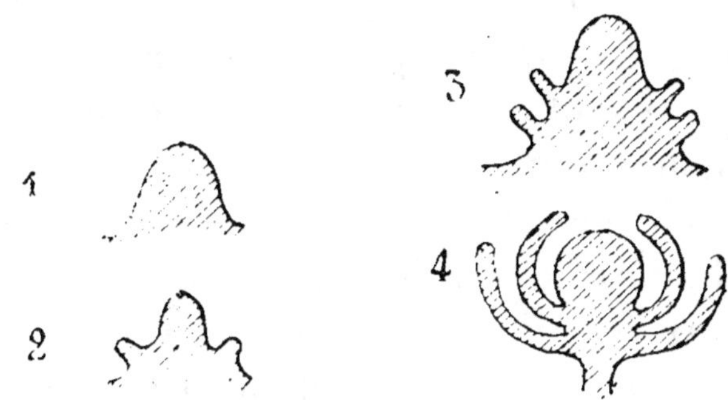

Fig. 42. — Schéma expliquant le mode de formation de l'ovule
avec ses deux téguments.

tissulaire, la *calotte*, destiné plus tard à être
résorbé en servant de nourriture à la cellule
inférieure (fig. 43).

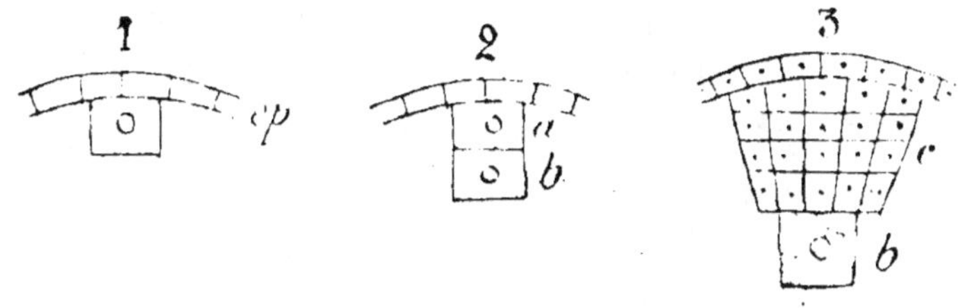

Fig. 43. — Formation de la calotte et du sac embryonnaire.
cp. épiderme.
b. sac embryonnaire.
a. cellule devant donner la calotte *c.*

La cellule inférieure donne le sac embryonnaire. Son noyau se divise en deux noyaux
qui émigrent chacun à un pôle du sac
embryonnaire. Le noyau supérieur se divise

en deux, puis en quatre : deux de ces noyaux s'entourent d'un peu de protoplasme et s'appliquant contre la membrane du sac produisent les *synergides;* le troisième noyau s'entourant d'une masse de protoplasma plus considérable, donne l'*oosphère.* Le quatrième noyau sera étudié dans quelques lignes.

Le noyau inférieur se divise également en quatre : trois donnent les *antipodes.* Quant au dernier, on le voit se déplacer et se rapprocher du centre du sac vers lequel s'avance également le noyau libre supérieur. Ces deux noyaux arrivent au contact et, fait extrêmement curieux, se fusionnent en un seul, le *noyau du sac embryonnaire;* c'est lui qui produira l'*albumen* (fig. 44).

Pendant que ces transformations s'opèrent, le sac embryonnaire augmente de volume, ce qui produit la résorption de la calotte et même de l'épiderme qui la recouvre.

Chez les gymnospermes, le noyau se divise en un grand nombre de noyaux qui forment bientôt à la périphérie une couche continue. Entre eux naissent des cloisons radiales. Ces cellules s'accroissant et se divisant ensuite vers l'intérieur, finissent par remplir le sac en donnant l'*endosperme.* Certaines d'entre elles, cependant, placées à la partie supérieure, restent volumineuses et se divisent en deux autres, l'une inférieure, l'*oosphère*, l'autre supérieure qui se divise en quatre pour former la rosette des *corpuscules*.

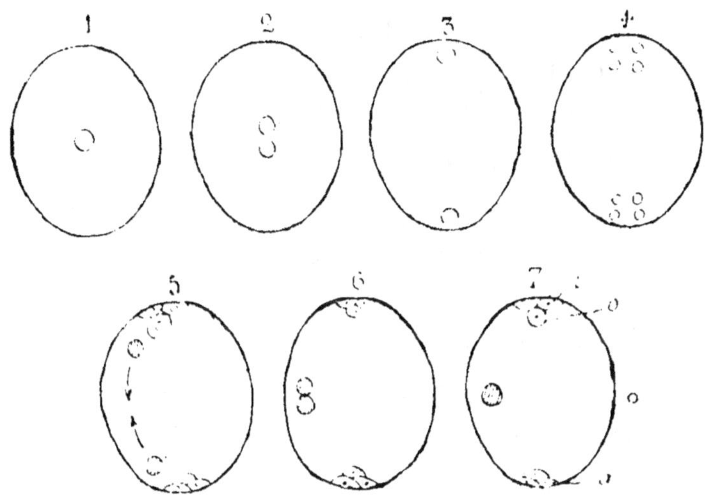

Fig. 44. — Schéma montrant les phénomènes qui se passent dans le sac embryonnaire pendant sa maturité.

s. synergides.
o. oosphère.
a. antipodes.

X

POLYMORPHISME ET ANOMALIES DE LA FLEUR

Polymorphisme de la fleur. — Une même espèce de plante peut avoir plusieurs sortes de fleurs. C'est ce qui arrive chez les plantes monoïques ou dioïques qui ont des fleurs mâles et des fleurs femelles. Chez les plantes polygames, il y a des fleurs mâles, des fleurs femelles et des fleurs hermaphrodites Erable).

Certaines plantes, en outre des fleurs ordinaires, produisent des *fleurs* dites *cléistogames* qui restent à l'état de boutons et dont les pétales sont rudimentaires. Il est curieux de constater que ces fleurs cléistogames donnent plus de graines que les fleurs ordinaires portées par le même pied : leurs anthères sont réduites, et le pollen émet souvent ses tubes polliniques sans sortir du sac. Les ovules sont bien développés, mais les stigmates sont rudimentaires, parfois même absents et remplacés par un petit orifice. On trouve des fleurs cléistogames chez l'Oxalide, la Violette, les Linaires, la Vesce, etc.

Dans une inflorescence « tassée », il est fréquent de voir les fleurs de la périphérie différer des fleurs du milieu. C'est ce qui arrive surtout chez les composées, comme la Marguerite.

Dans la Carotte, là ou les fleurs centrales sont colorées en rouge pourpre alors que les fleurs périphériques sont blanches. Dans les *Iberis*, les fleurs extérieures sont irrégulières, tandis que les fleurs centrales sont régulières.

Des cas de polymorphisme se rencontrent aussi parmi les fleurs isolées et hermaphrodites. Dans la Primevère, certaines fleurs ont un style court et des étamines insérées à la gorge de la corolle, tandis que d'autres ont un style long et des étamines insérées au milieu du tube de la corolle. Chez le *lythrum salicaria*, on peut distinguer trois sortes de fleurs d'après la longueur relative des étamines et du style voir *Botanique : physiologie végétale*.

Anomalies de la fleur. — La fleur est composée, avons-nous dit, de feuilles modifiées. Cette origine est prouvée par les cas tératologiques et par les exemples de transition entre les feuilles et les pièces florales (1).

Les exemples de transition entre les feuilles normales et les diverses parties de la fleur sont fréquents. Signalons d'abord les formes de transition entre les feuilles végétatives et les bractées qui accompagnent les organes floraux, comme le montre l'Hellébore, le Groseillier. Dans cette dernière espèce, on passe graduellement d'une feuille à limbe palmé, avec pétiole élargi en gaine, à une bractée constituant une gaine dilatée. La communauté d'origine des bractées et des sépales s'établit facilement si l'on remarque que ces

1. Les passages suivants sont empruntés à L. Mangin. *Cours élémentaire de botanique*. Hachette, édit.

organes sont souvent verts tous deux et ont une forme très analogue : la situation seule permet de les distinguer. D'ailleurs, les bractées prennent souvent une coloration semblable à celle de l'enveloppe de la fleur, comme on le voit dans les *Polygala*, certains Melampyres.

De plus, en examinant certains sépales comme ceux du Rosier, on reconnait nettement, sur les extrémités de ceux-ci, des découpures et des lobes assez semblables à ceux des feuilles normales.

Le passage des sépales aux pétales et des pétales aux étamines s'observe seulement dans les fleurs dont les pièces, au lieu d'être disposées en verticilles nettement distincts les uns des autres, sont insérées sur le réceptacle suivant une spirale très surbaissée et rappellent exactement à cet égard le mode d'insertion des feuilles.

Ainsi lorsqu'on examine un bouton sur une fleur de *Camellia*, on passe insensiblement des bractées écailleuses aux sépales et de ceux-ci aux pétales ; il en est de même dans le *Magnolia*. D'autre part, les fleurs de Nénuphar blanc *Nymphea alba* permettent de trouver tous les intermédiaires entre les sépales verts et les pétales blanc de neige et de ceux-ci par une réduction insensible des pétales on arrive aux étamines normales.

On appelle *métamorphose progressive* la transformation des pièces d'un verticille floral, par différenciations plus complètes, en organes semblables à ceux d'un verticille supérieur; par exemple, la transformation des bractées en sépales, des sépales en pétales, des pétales en étamines. Les fleurs de Primevère, de Renoncule, offrent parfois la transformation des sépales en pétales; dans d'autres plantes, les pétales se transforment en étamines, et enfin les étamines elles-mêmes donnent quelquefois naissance à des carpelles en subissant une transformation partielle ou complète. Ainsi dans la Joubarbe des toits il n'est pas rare de rencontrer, au milieu des étamines normales, des étamines dont le filet s'est élargi en gouttière et développe, sur chaque bord, une rangée d'ovules; ou bien et plus souvent un ou deux sacs polliniques externes disparaissent et sont remplacés par une lame portant une rangée d'ovules.

Dans le Pavot, certaines fleurs présentent parfois tout autour du pistil normal un certain nombre de carpelles provenant de la transformation complète des étamines.

Ainsi, soit par l'examen des formes de passage dans les fleurs normales, soit par l'existence de métamorphoses progressives, les organes les plus compliqués de la fleur, l'étamine et le carpelle, sont reliés aux feuilles négatives par toute une série d'intermédiaires.

La *métamorphose régressive*, c'est-à-dire le retour plus ou moins complet des feuilles florales aux feuilles végétatives, s'observe fréquemment, car la culture provoque souvent ces transformations.

Les bractées, les sépales et les pétales font souvent retour à la feuille verte normale, comme on le voit dans certaines Crucifères, Renonculacées, Composées, etc.; mais la métamorphose régressive la plus fréquente est le retour des étamines non à la feuille normale, ce qui est rare, mais à la forme du pétale. Les fleurs dites doubles, caractérisées par l'augmentation du nombre des pétales, doivent le plus souvent leur origine à cette transformation, car le nombre des étamines est d'autant plus petit que les pétales sont plus nombreux. On en voit des exemples dans les plantes suivantes : Rose, Violette, Giroflée, Géranium, Pensée, Pivoine, etc.

C'est surtout chez les fleurs à nombreuses étamines que cette duplication des pétales est la plus importante.

Dans une Rose qui est en train de se doubler, par exemple, on observe toutes les phases de la métamorphose. A côté d'étamines normales, on voit des étamines dont les sacs polliniques s'allongent sur la surface élargie du limbe, puis des lames ne présentant plus que deux ou un sac pollinique, puis enfin des pétales nouveaux où toute trace de sac pollinique a disparu.

C'est aussi dans les fleurs doubles qu'on observe la transformation des carpelles en étamines, en pétales et même en feuilles vertes. Cette dernière transformation s'observe plus souvent ; elle est aussi plus importante à considérer, à cause des notions qu'elle fournit sur la véritable nature des carpelles. Aussi dans l'Ancolie, par exemple, les carpelles s'ouvrent et chacun d'eux forme une sorte de gouttière dont les bords présentent une rangée d'ovules. Dans le Trèfle des champs, le carpelle unique se transforme souvent en une feuille à limbe denté. On aperçoit alors sur les bords du limbe de la feuille ainsi constituée tantôt des ovules complets, tantôt un petit lobe vert à la base duquel se trouve un mamelon cellulaire : le lobe foliacé représente les tuniques de l'ovule, et le mamelon basilaire est le nucelle.

Les faits qui précèdent nous autorisent donc à regarder la fleur comme une pousse feuillée dont les diverses parties, au lieu de se développer à la manière normale, se sont adaptées par une différenciation spéciale au rôle particulier d'organes reproducteurs. Les sépales, les pétales, les étamines, les carpelles sont donc des feuilles.

XI

LA FÉCONDATION

Le pollen, transporté sur le stigmate, comme nous le verrons dans la PHYSIOLOGIE, se met à germer, à pousser un tube pollinique, allant jusqu'au micropyle. Là, un des noyaux du tube se fusionne avec l'oosphère pour produire *l'œuf*. Celui-ci s'enveloppe d'une petite membrane de cellulose. Les synergides et les antipodes disparaissent. Il ne reste donc plus que le *noyau du sac embryonnaire* et *l'œuf*, tous deux placés dans le sac embryonnaire. Le premier donnera *l'albumen*, le second *l'embryon*. Les parois du nucelle seront plus ou moins résorbées. Les téguments de l'ovule deviendront les téguments de la graine. Reste à voir maintenant comment ces diverses parties se transforment, comment l'ovule se transforme en graine.

XII

TRANSFORMATION DE L'OVULE EN GRAINE

Pour nous rendre compte de la manière dont s'opère la transformation de l'ovule en graine, étudions séparément ce que deviennent chacune de ses parties. Commençons par la partie la plus importante de cet ovule, par le développement de l'œuf. Il est nécessaire de l'étudier séparément chez les angiospermes et chez les gymnospermes.

Formation de l'embryon chez les Angiospermes. — L'œuf aussitôt après la fécondation se divise de suite en deux cellules qui peuvent rester ainsi sans se modifier pendant une semaine chez beaucoup de plantes ligneuses, pendant même une année chez certains Chênes américains. Mais généralement les deux cellules se modifient presque immédiatement. Leur sort ultérieur n'est pas toujours le même; on peut ramener ces cas différents à trois principaux :

1° Le premier mode nous est offert par les Mimosées : c'est le cas où les deux cellules donnent l'embryon. Elles donnent un amas tissulaire qui se différencie en tigelle, radicule, et jeunes feuilles.

2º Le plus souvent la cellule supérieure donne un organe destiné soit à nourrir, soit à suspendre l'embryon : c'est le *suspenseur*. Chez le Lupin, c'est une masse qui en se développant, enfonce l'embryon dans l'albumen. Chez le *Vicia*, c'est une masse où s'accumulent des matériaux de réserve. Enfin, chez le

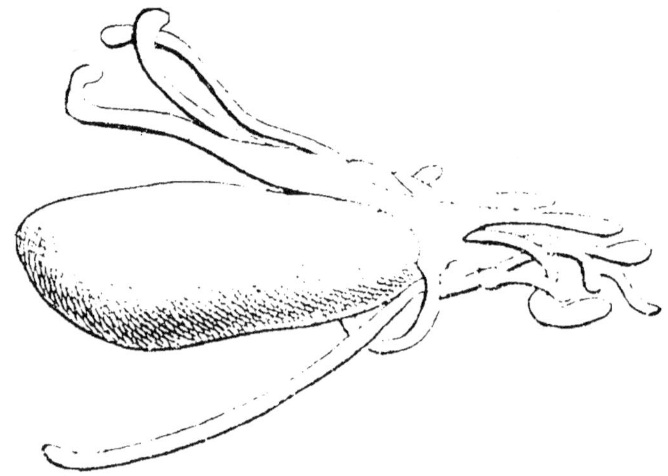

Fig. 45. — Embryon de *Phalænopsis* encore pourvu de son suspenseur.

Phalænopsis, le suspenseur forme des branches ramifiées qui va puiser la nourriture soit dans l'albumen et la nucelle, soit même dans le placenta (fig. 45).

3º Dans le troisième cas, l'embryon et le suspenseur sont tardivement différenciés. C'est ainsi que dans le Cytise, les deux cellules donnent un amas homogène, le préembryon.

Plus tard, quelques-unes des cellules de cet amas se divisent et donnent l'embryon.

Quoi qu'il en soit de ces divers modes de formation, le suspenseur disparaît pendant que l'embryon se développe.

Etat définitif de l'embryon. — Arrivé à un terme de son développement, l'embryon des angiospermes, atteint souvent de grandes dimensions : c'est ainsi que dans le Haricot, il occupe presque toute la graine. Sa taille dépend beaucoup des deux premières feuilles, des deux *cotylédons*, qui souvent se remplissent de matières nutritives.

Le sommet de la tigelle peut être nu (Courge) ou entouré d'un petit bourgeon terminal (gemmule) (Haricot).

Chez les Monocotylédones, il n'y a qu'un cotylédon. Parmi eux, chez les Graminées, la racine est déjà ramifiée.

Formation de l'albumen. — Sitôt l'œuf formé, le noyau et le protoplasma du sac embryonnaire sont le siège de phénomènes particuliers qui aboutissent à la formation d'un tissu spécial nommé l'albumen. La chose a lieu de deux manières différentes :

1° Si le sac embryonnaire est large, ce qui est le cas le plus fréquent, le noyau se divise plusieurs fois et le protoplasma forme bientôt une couche continue sur les parois du sac.

Cette couche se divise en un certain nombre de cellules closes, sauf du côté interne. De ce côté, les cellules augmentent de volume, se divisent et envahissent ainsi petit à petit tout le sac. Dans certaines plantes à grosses graines, le cloisonnement n'a lieu qu'à la périphérie : c'est ce qui a lieu dans la noix de coco, où le « lait » intérieur est constitué par de l'albumen non cloisonné.

2° Si le sac embryonnaire est allongé en tube, l'albumen se divise en cellules placées à la file les unes des autres.

Diverses sortes d'albumen. — Quand le sac embryonnaire s'est divisé en cellules nombreuses, son volume s'est accru beaucoup, et ses cellules se sont différenciées et ont accumulé dans leur intérieur de nombreuses matières de réserve dont nous étudierons le sort ultérieur dans un instant. Pour la commodité de la taxonomie plutôt que de la réalité des choses, on distingue trois sortes d'albumen.

1° L'albumen le mieux caractérisé est celui que l'on appelle *amylacé* ou *farineux*. Les membranes des cellules qui le forment sont minces et cellulosiques ; l'intérieur est bourré de grains d'amidon. C'est à la présence de cet albumen que les graines de Graminées doivent leur valeur nutritive (Blé, Maïs, etc.).

2° La deuxième espèce d'albumen est l'albumen *oléagineux* ou *charnu*, caractérisé par des membranes minces et par la présence de gouttelettes d'huile. C'est cet albumen qui donne l'huile d'œillette, l'huile de ricin, etc.

3° Enfin on distingue sous le nom d'albumen *corné*, un albumen très dur où les membranes, tout en restant cellulosiques, s'épaississent énormément : c'est le cas du Dattier et du Caféier; l'exemple le plus remarquable est celui du Phytelephas où il est si dur et si blanc qu'on l'emploie comme succédané de l'ivoire animal (ivoire végétal).

Quelquefois, l'albumen peut avoir ses membranes gélifiées (Caroubier).

Graines albuminées et exalbuminées. — Maintenant, que nous avons étudié séparément la formation de l'embryon et de l'albumen, voyons comment ces deux parties vont se comporter l'une par rapport à l'autre. Elles sont en effet en contact intime l'une avec l'autre, et l'embryon traverse l'albumen en le trouant de part en part et en dissolvant sur son passage les membranes et le contenu des cellules qu'il rencontre, c'est une véritable digestion. Deux cas peuvent se présenter :

1° L'embryon demeure petit et laisse intacte une partie de l'albumen. Alors cet albumen se retrouve dans la graine mûre, et on dit qu'elle est *albuminée*. Ce cas se rencontre par exemple dans le Maïs où l'embryon est latéral par rapport à l'albumen, et l'Euphorbe où l'embryon est plongé au milieu même de ce dernier.

2° L'embryon absorbe tout l'albumen qui disparaît. C'est dans les cotylédons que se retrouve la réserve nutritive : ils prennent alors un grand développement. Dans ce cas, la graine est dite *exalbuminée*. Ce cas se rencontre chez le Haricot où les cotylédons sont farineux. Dans les Crucifères, les cotylédons sont huileux : l'huile de colza n'a pas d'autre origine.

Formation de l'embryon chez les gymnospermes. — Chez les Gymnospermes, le noyau de l'oosphère descend au fond de la cellule et là se divise en quatre noyaux placés sur le même plan. Ces noyaux se divisent à leur tour de manière à produire quatre étages de cellules. Les quatre plus élevées, dont les cloisons sont d'ailleurs incomplètes, se résorbent. Les deux étages suivants s'allongent et donnent le suspenseur. Quant aux quatre cellules inférieures, elles donnent soit un seul, soit quatre embryons.

Modifications de la nucelle. — Revenons aux Angiospermes pour voir ce que devient la nucelle.

Souvent les parois de la nucelle n'ont qu'une existence éphémère et disparaissent même avant la fécondation (*Monotropa*).

D'autres fois la nucelle ne disparaît qu'en partie, et il reste alors autour du sac ou seulement à son sommet une couche de tissu plus ou moins épaisse. Cette couche est souvent résorbée pendant le grand développement de l'œuf et de l'albumen, de sorte qu'à la maturité on n'en trouve plus trace.

Quelquefois la nucelle s'accroît, multiplie ses cellules de matériaux nutritifs : elle produit ce qu'on appelle un *périsperme* qui persiste dans la graine mûre où il est amylacé ou oléagineux. Comme en outre il y a quelquefois en même temps un albumen, il se trouve qu'il y a dans la graine deux réserves nutritives emboîtées (Nymphea, Amomum). Ailleurs l'albumen ne se forme pas et le périsperme est la seule réserve nutritive de l'embryon.

Modifications des téguments. — Le tégument interne, quand il existe, est ordinairement résorbé à la maturité de la graine. C'est alors le tégument externe seul qui en épaississant ses cellules devient le tégument de la graine.

Dans quelques cas assez rares, les deux téguments persistent (Rosa).

Le tégument de la graine a essentiellement la structure d'une feuille, c'est-à-dire qu'il possède un parenchyme avec des faisceaux, enfermé entre deux épidermes. Les faisceaux se ramifient de manière à rendre le tégument symétrique par rapport à un plan. Tout de suite après la fécondation, le micropyle se ferme par simple rétrécissement à l'orifice. On le retrouve dans la graine mûre sous la forme d'une petite verrue marquée au centre d'une petite dépression. On le voit bien dans le Haricot ou la Fève où il est très rapproché du hile.

Modifications du funicule. — Le funicule de l'embryon devient le funicule de la graine en s'épaississant.

Quelquefois le funicule s'épaissit au voisinage du hile, forme une collerette qui remonte le long de la graine et l'enveloppe, mais non complètement. On trouve de ces *arilles* dans l'If, le Nénuphar, la Passiflore.

A la maturité, le funicule se détache et reste attaché au fruit. Sur la graine, il laisse une cicatrice toujours très visible : dans la Fève, c'est une large bande; chez le Marronnier, un disque circulaire dilaté.

XIII

FRUIT

Pendant que les ovules deviennent des graines, le pistil se change en fruit. Dans cette transformation, le style et les stigmates se dessèchent généralement et disparaissent.

Il ne faudrait pas croire que le fruit contient toujours autant de divisions que le pistil originel. Il arrive souvent en effet que plusieurs carpelles avortent (Cupulifères). D'autre fois, le fruit prend des cloisons supplémentaires (Radis).

La paroi de l'ovaire devient le *péricarpe* du fruit. L'épiderme externe peut alors prendre des caractères qu'il n'avait pas au préalable : une sécrétion de cire (Prune), des poils (*Papaver argemone*), des épines (Marronnier), des ailes (Orme), etc.

L'épiderme externe se modifie peu. Il produit parfois des poils laineux (Crassulacées) ou charnus. Ce sont ces derniers qui produisent la partie succulente des oranges et des citrons.

Le parenchyme augmente le plus souvent d'épaisseur et devient soit sec, soit succulent, soit mixte.

A la maturité, la plupart des fruits s'ouvrent pour mettre les graines en liberté. Cette déhiscence peut s'opérer de plusieurs façons.

1° Le long de la ligne de soudure des bords carpellaires : c'est la *déhiscence septicide* (*Nicotiana*).

2° Le long de la nervure médiane du carpelle : c'est la *déhiscence loculicide* (Lis).

3° En même temps des deux manières précédentes (Pois).

4° De part et d'autre de la ligne de soudure des bords : c'est la *déhiscence septifrage* (Cresson, Balsamine).

5° Suivant une fente circulaire transversale (Jusquiame).

6° Par des pores : c'est la *déhiscence poricide* (Pavot).

Pour la facilité des descriptions, on donne différents noms aux fruits, suivant la nature du péricarpe et le mode de déhiscence. Le tableau suivant résume cette classification des fruits.

FRUITS
- Secs.
  - Indéhiscents akènes . . . .
    - Akène proprement dit.
    - Diakène, etc.
    - Caryopse.
    - Samare.
    - Disamare.
  - Déhiscents.
    - Longitudinalement . . .
      - Capsule proprement dite.
      - Follicule.
      - Légume.
      - Silique.
    - Transversalement . . . . Pyxide.
    - Par pores. Capsule porricide.
- Charnus. . .
  - Indéhiscents . Baie.
  - Déhiscents. . Capsule charnue.
- Mi-partie secs et charnus.
  - Indéhiscents . Drupe.
  - Déhiscents . . Capsule drupacée.

L'*akène* est un fruit sec qui ne s'ouvre pas; il ne renferme qu'une seule graine. (Renoncule. Composées).

Le *diakène* est un double akène; ces deux fruits se séparent plus ou moins à la maturité complète. (Ombellifères). Il y a aussi des *triakènes* (Capucines) et des *tetrakènes* (Labiées).

Le *caryopse* est un akène dans lequel le péricarpe est soudé intimement à la graine (Graminées).

La *samare* est un akène ailé (Orme).

La *disamare* est une double samare (Érable).

La *capsule* proprement dite est un fruit sec, s'ouvrant longitudalement. Sa déhiscence peut être septicide ou septifrage Balsamine, *Nicotiana* .

Le *follicule* provient d'un carpelle unique qui s'ouvre suivant la ligne de jonction de la feuille carpellaire Aconit .

Le *légume* est un follicule s'ouvrant en outre le long de la nervure dorsale Haricot .

La *silique* est composée de deux carpelles s'ouvrant de part et d'autre des placentas Cresson .

La *pyxide* est une capsule s'ouvrant par une fente circulaire qui lui donne l'aspect d'une boîte avec son couvercle Mouron, Jusquiame .

La *capsule porricide* s'ouvre par des pores Pavot, Muflier .

La *baie* est un fruit charnu qui ne s'ouvre pas Vigne, Groseillier .

La *capsule charnue* est un fruit charnu déhiscent Nénuphar .

La *drupe* est un fruit charnu dans lequel la partie interne des tissus du péricarpe se sont lignifiés pour envelopper la graine et constituer ainsi un noyau Prunier, Cerisier .

La *capsule drupacée* est un fruit mi-partie sec et charnu, déhiscent Noyer .

On remarque qu'en général, dans tous ces

fruits, plus le tégument de la graine est épais et dur, plus le péricarpe est mince et charnu.

Le fruit n'est pas toujours la seule partie de la fleur qui subsiste et grandit après la fécondation. Le calice, par exemple, peut subsister et même prendre un grand développement. *Physalis*, Fraisier.

Dans le cas où l'ovaire est infère, les parties qui grandissent, qui mûrissent, ne sont pas seulement celles qui appartiennent au fruit, mais aussi la base du calice, de la corolle et de l'androcée. C'est ce mélange complexe qui forme la partie comestible des poires, des pommes, des coings, etc.

Enfin, des fruits voisins d'une même inflorescence peuvent se réunir pour former un *fruit composé* qui englobe souvent d'autres parties, des bractées, des pédicelles, etc., c'est le cas de l'Ananas, formé de fruits, de calices, de bractées et de pédicelles, très charnus et comestibles.

TABLE DES MATIÈRES

Paris. — Imprimerie L. Maretheux, 1, rue Cassette. — 1882.

* 9 7 8 2 3 2 9 7 9 4 5 6 3 *